全国职业院校计算机类专业

全国技工院校计算机类专业（中／高级技能层级）

Word 2021
基础与应用实训题集

主编　史舒娅

简介

本书是全国职业院校计算机类专业教材 / 全国技工院校计算机类专业教材（中 / 高级技能层级）《Word 2021 基础与应用》的配套用书。本书以企业具体的工作项目为实训载体，根据教材所学内容设置实训项目，实训项目具有可操作性和拓展性，既锻炼了学生的操作技能，又节省了教材中操作内容的篇幅。本书强化对学生专业能力的训练和培养，通过分析和完成实训项目，巩固所学知识，提高相应技能。

本书主要内容包括制作会议通知、制作工作计划、制作宣传海报、制作公司组织结构图、制作会议记录表、制作商品订货单、制作市场部工作手册和制作邀请函等。

为了方便教师教学，相关数字资源可在技工教育网（http://jg.class.com.cn）下载并使用。

本书由史舒娅担任主编，李秀峰、要亚娟参与编写。

图书在版编目（CIP）数据

Word 2021基础与应用实训题集 / 史舒娅主编. -- 北京：中国劳动社会保障出版社，2022

全国职业院校计算机类专业 全国技工院校计算机类专业. 中 / 高级技能层级

ISBN 978-7-5167-5650-8

Ⅰ. ①W… Ⅱ. ①史… Ⅲ. ①办公自动化 – 应用软件 – 高等职业教育 – 教材 Ⅳ. ①TP317.1

中国版本图书馆 CIP 数据核字（2022）第 202914 号

中国劳动社会保障出版社出版发行

（北京市惠新东街 1 号 邮政编码：100029）

*

北京谊兴印刷有限公司印刷装订 新华书店经销

787 毫米 ×1092 毫米 16 开本 4.5 印张 86 千字

2022 年 12 月第 1 版 2022 年 12 月第 1 次印刷

定价：13.00 元

营销中心电话：400-606-6496

出版社网址：http://www.class.com.cn

http://jg.class.com.cn

目　录

CONTENTS

实训项目一
制作会议通知

一、实训项目介绍

某公司人力资源部员工小李接到一个任务，为公司中层干部培训会议拟定一个会议通知。他需要使用 Word 2021 办公软件录入会议通知内容，按照通知体例格式进行相关设置。排版要求如下：标题居中，微软雅黑，加粗，三号，黑色；正文两端对齐，首行缩进两字符，仿宋，小四，黑色，1.5 倍行距；落款右对齐，仿宋，小四，黑色，1.5 倍行距。会议通知最终效果如图 1-1 所示。

×× 有限公司关于召开中层干部培训会议的通知

各部门：

根据工作需要，经公司研究，决定召开中层干部培训会议。现将有关事宜通知如下：

一、会议时间

2022 年 5 月 18 日 10:00—17:00。

二、会议地点

公司总部行政大楼 5 楼会议室。

三、参会人员

部门经理、项目总监、总监代表等。

四、会议内容及安排

1. 中层干部培训会议（5 月 18 日 10:00—12:00）；

2. 团队建设活动（5 月 18 日 14:00—17:00）。

五、参会要求

1. 请参会人员安排好部门、项目工作，按要求准时参会，不得无故缺席；

2. 服从会议组委会的安排，遵守会场纪律，不得中途退场；

3. 要求与会人员 5 月 18 日 9:30 到达会场，综合办公室组织签到。

××有限公司（盖章）

2022 年 5 月 12 日

图 1-1　会议通知最终效果

二、实训项目分析

要完成本实训项目，应按照图 1-2～图 1-4 所示思维导图复习教材中学到的知识点。

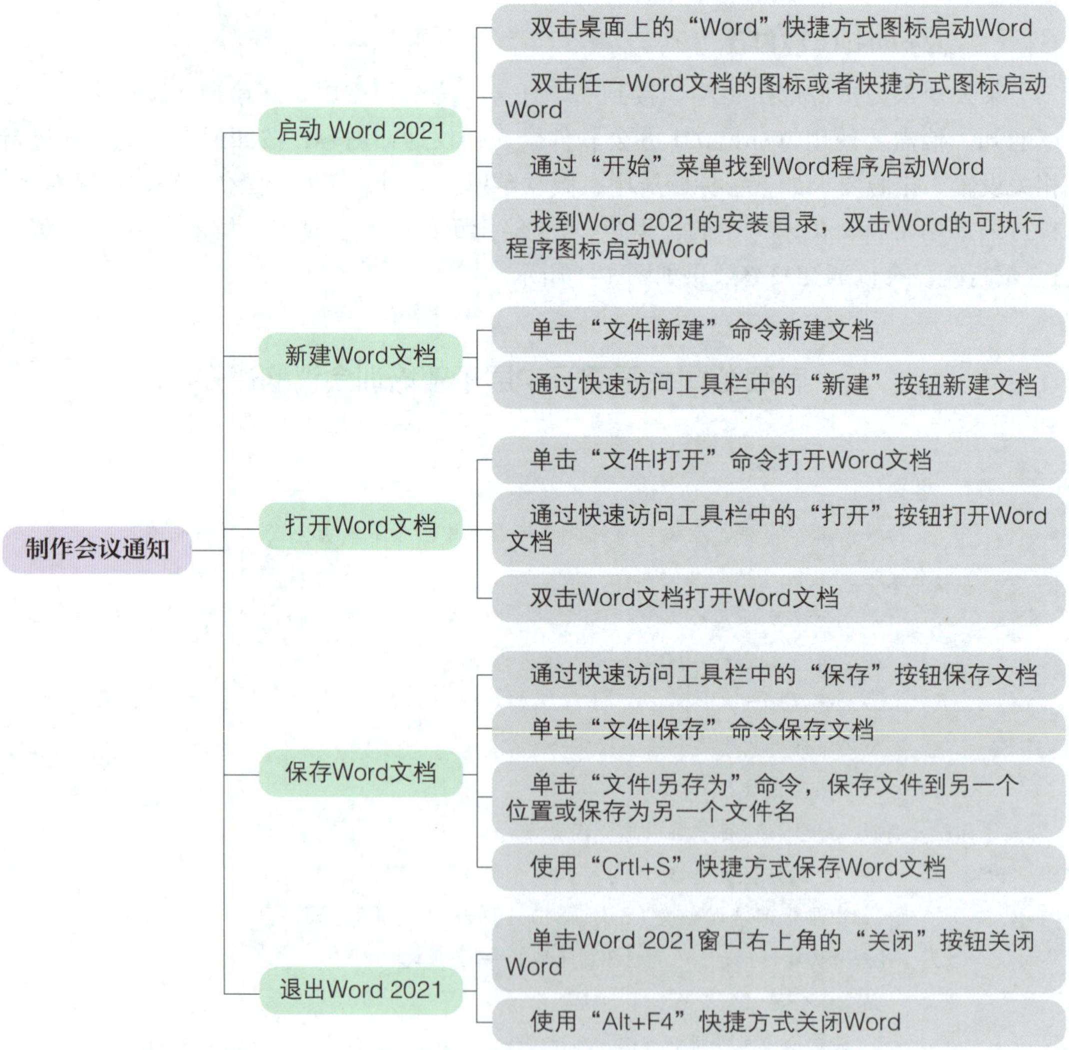

图 1-2　教材内容思维导图 1

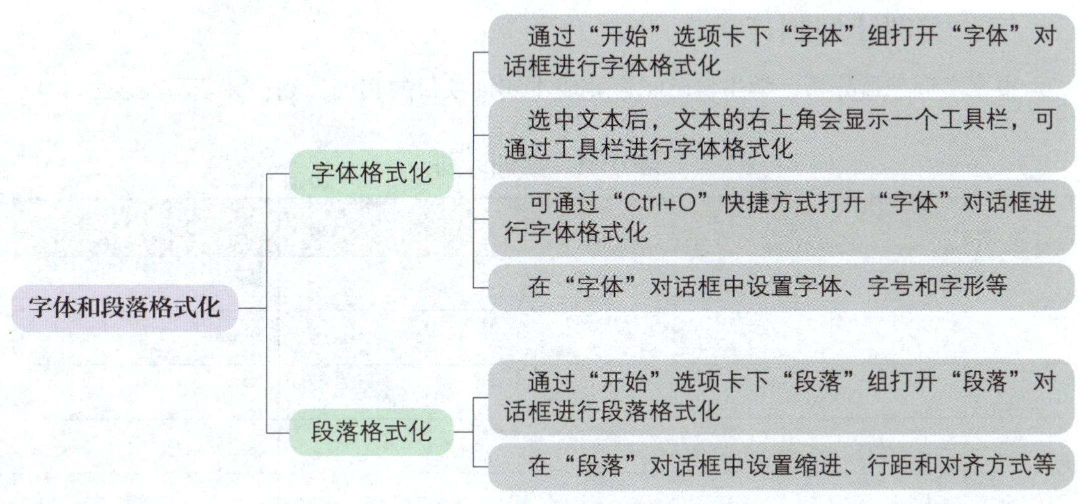

图 1-3　教材内容思维导图 2

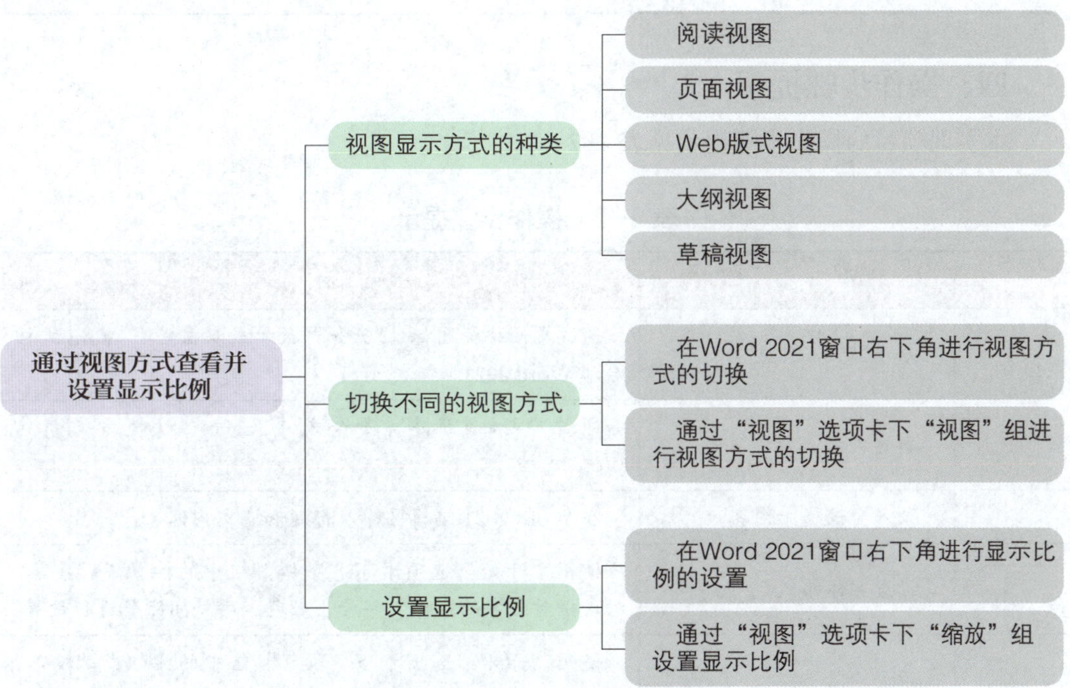

图 1-4　教材内容思维导图 3

为完成本实训项目，需打开 Word 2021 办公软件并新建一个 Word 文档，在其中输入指定的内容，进行字体格式和段落格式的设置后保存。在完成实训项目的过程中，应注意掌握 Word 2021 窗口的组成，快速访问工具栏、功能区和命令组的使用，新建文档、编辑文档、保存文档、退出 Word 2021 的方法，字体格式和段落格式设置的方法与技巧，视图方式的切换等知识。

三、实训计划制订

根据实训项目分析，学生自己制订完成本实训项目的实训计划，并填写在表 1–1 中。

表 1–1　实训计划

序号	工作内容	所需时间

四、操作步骤提示

本实训项目的操作步骤提示见表 1–2。

表 1–2　操作步骤提示

序号	操作步骤	内容
1	启动 Word 2021	通过桌面快捷图标、“开始”菜单或双击任一 Word 文档启动 Word 2021
2	新建文档	通过“文件 | 新建”命令或“Ctrl+N”快捷方式新建 Word 文档
3	录入会议通知内容	在 Word 2021 编辑区输入标题和正文内容
4	设置字体格式	使用“开始”选项卡下“字体”组中的按钮或“字体”对话框对文字的字体、字号、颜色、字符间距等进行设置
5	设置段落格式	使用“开始”选项卡下“段落”组中的按钮或“段落”对话框对段落的对齐方式、行距等进行设置
6	切换视图方式查看文档	通过切换不同的视图方式查看文档
7	保存文档	通过“文件 | 保存”命令、快速访问工具栏中的“保存”按钮或“Ctrl+S”快捷方式保存文档

五、操作要点记录

在表 1–3 中记录本实训项目的操作要点。

表 1-3　操作要点记录

序号	操作要点	备注

六、运行与修改记录

打开会议通知文档并修改，排除出现的错误，并在表 1-4 中做好记录。

表 1-4　运行与修改记录

序号	出现错误	错误原因	处理方法

七、实训评价

本实训项目完成后，学生展示作品，解说完成项目过程中的心得体会。展示结束后，从软件操作、作品效果、成果展示等方面对该实训项目进行评价，采用自我评价、小组评价、教师评价相结合的多元评价方式，见表 1-5。

表 1-5　实训评价

序号	评价内容	配分 / 分	评价分数		
			自我评价（占比 30%）	小组评价（占比 30%）	教师评价（占比 40%）
1	对实训项目的分析准确到位	20			
2	能熟练新建、保存和关闭 Word 文档	10			
3	能熟练设置字体格式	20			
4	能熟练设置段落格式	10			

续表

序号	评价内容	配分/分	评价分数		
			自我评价（占比 30%）	小组评价（占比 30%）	教师评价（占比 40%）
5	最终效果符合要求	20			
6	能熟练展示效果及解说作品	20			
学生姓名		综合评分			
指导教师		日期			

八、巩固与练习

1. 选择题

（1）在 Word 2021 中，按（　　）快捷方式可打开一个已存在的文档。

A. Ctrl+N　　B. Ctrl+O　　C. Ctrl+S　　D. Ctrl+P

（2）在 Word 2021 中，段落格式化的设置不包括（　　）。

A. 首行缩进　　B. 字体大小

C. 行距和间距　　D. 居中对齐

（3）在 Word 2021 中，（　　）视图方式能使显示效果与打印预览基本相同。

A. 普通　　B. 大纲　　C. 页面　　D. 主控文档

（4）在 Word 2021 中，不属于字体格式化设置的是（　　）。

A. 行距和间距　　B. 字体的大小

C. 字体和字形　　D. 文字颜色

（5）可关闭 Word 2021 程序的“关闭”按钮位于（　　）。

A. 标题栏的右端　　B. 快速访问工具栏

C. 选项卡的右端　　D. 状态栏的右端

（6）Word 2021 的“新建”命令在（　　）选项卡中。

A.“文件”　　B.“开始”　　C.“插入”　　D.“视图”

（7）在 Word 2021 中，第（　　）次保存 Word 文档时会弹出“另存为”对话框。

A. 2　　B. 1　　C. 3　　D. 4

（8）Word 2021 的文件扩展名是（　　）。

A. bmp　　B. pptx　　C. docx　　D. xlsx

（9）新建文档的快捷方式是（　　）。

A. Alt+M　　B. Ctrl+M　　C. Alt+N　　D. Ctrl+N

（10）在文本输入过程中，要开始新段落应按（　　）键。

A. Shift+Enter　　B. Enter

C. Space　　D. Space+Enter

2. 操作题

（1）制作某公司安全生产工作会议通知，排版要求如下：标题居中，微软雅黑，加粗，三号，黑色；正文两端对齐，首行缩进两字符，仿宋，小四，黑色，1.5 倍行距；落款右对齐，仿宋，小四，黑色，1.5 倍行距。最终效果如图 1–5 所示。

×××汽车运输公司
关于召开 2022 年度安全生产工作会议的通知

各分公司：

为贯彻市政府安全工作会议精神，研究落实我公司安全生产事宜，公司决定召开 2022 年度安全生产工作会议。现将有关事项通知如下：

一、参加会议人员

各分公司总经理。

二、会议时间

9 月 3 日 9:00—17:00，会期 1 天。

三、会议地点

公司总部第一会议中心 301 房间。

四、报到时间

9 月 2 日至 9 月 3 日上午 8:00 前。

五、报到地点

公司总部第一会议中心 301 房间。联系人：林东（电话：13829××××××）。

参会要求：请各单位将报送的经验材料打印 30 份，于 9 月 1 日前报公司技术安全科。

特此通知。

×××汽车运输公司（盖章）

2022 年 8 月 20 日

图 1–5　安全生产工作会议通知最终效果

（2）写一封感谢信，排版要求如下：标题居中，微软雅黑，加粗，三号，黑色；正文两端对齐，首行缩进两字符，仿宋，小四，黑色，1.5 倍行距；落款右对齐，仿宋，小四，黑色，1.5 倍行距。最终效果如图 1–6 所示。

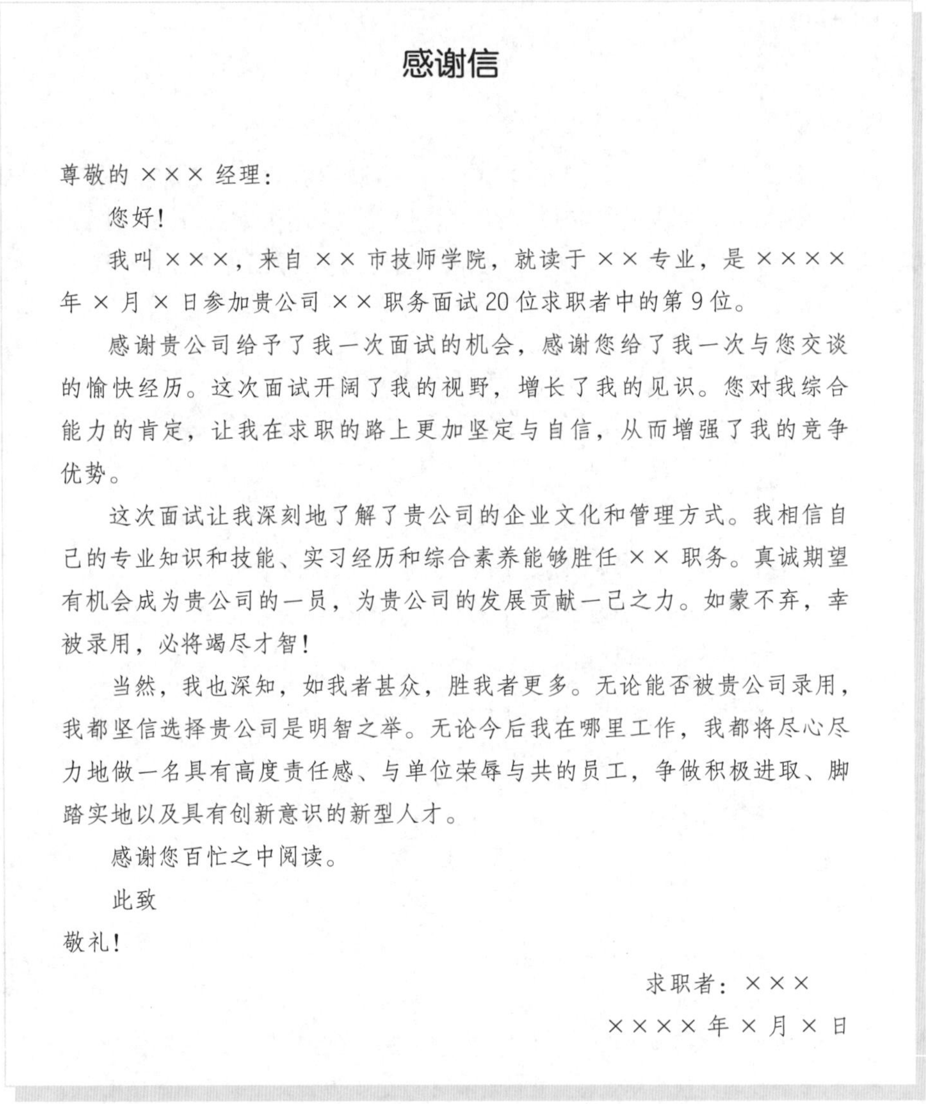

感谢信

尊敬的 ××× 经理：

您好！

我叫 ×××，来自 ×× 市技师学院，就读于 ×× 专业，是 ×××× 年 × 月 × 日参加贵公司 ×× 职务面试 20 位求职者中的第 9 位。

感谢贵公司给予了我一次面试的机会，感谢您给了我一次与您交谈的愉快经历。这次面试开阔了我的视野，增长了我的见识。您对我综合能力的肯定，让我在求职的路上更加坚定与自信，从而增强了我的竞争优势。

这次面试让我深刻地了解了贵公司的企业文化和管理方式。我相信自己的专业知识和技能、实习经历和综合素养能够胜任 ×× 职务。真诚期望有机会成为贵公司的一员，为贵公司的发展贡献一己之力。如蒙不弃，幸被录用，必将竭尽才智！

当然，我也深知，如我者甚众，胜我者更多。无论能否被贵公司录用，我都坚信选择贵公司是明智之举。无论今后我在哪里工作，我都将尽心尽力地做一名具有高度责任感、与单位荣辱与共的员工，争做积极进取、脚踏实地以及具有创新意识的新型人才。

感谢您百忙之中阅读。

此致

敬礼！

求职者：×××

×××× 年 × 月 × 日

图 1–6 感谢信最终效果

（3）写一则招聘启事，排版要求如下：标题居中，微软雅黑，加粗，三号，黑色；正文两端对齐，首行缩进两字符，仿宋，小四，黑色，1.5 倍行距；落款右对齐，仿宋，小四，黑色，1.5 倍行距。最终效果如图 1–7 所示。

招聘启事

校园电视台部分工作人员即将毕业，经学生会研究，决定在全校学生中公开招聘记者 4 名、编辑 2 名。要求：有较强的写作能力，善于沟通，发表过作品或有过相关工作经历者优先。有意应聘者请于6月10日前到学生会填写报名表，每天下午课外活动时段有专人恭迎您的光临。诚请有志者加入我们的行列。

校学生会

20×× 年 × 月 × 日

图 1-7　招聘启事最终效果

（4）打开实训项目一操作题素材中的“优先阅读”文档，按照下面的要求排版，最终效果如图 1–8 所示。

排版要求如下：

正文两端对齐，首行缩进两字符。

将标题“优先阅读”设置为：两端对齐、黑体、二号、加粗、蓝色，字符间距加宽 10 磅，位置上升 20 磅。

将第一段所有文字设置为宋体，小四，第一个字“不”设置为：红色、29，文字“新用户”和“老用户”字形设置为倾斜，文字“明伦软件”设置为橙色，个性色 2，加橙色下划线，文字“功能简介”设置为加粗，为文字“设计原则与实现特色”加着重号。

将第二段文字设置为隶书，小四，绿色，个性色 6，深色 25%，为文字“软件的完整性”加绿色下划线，为文字“第二节”加边框，线型为紫色细实线。

将第三段文字设置为宋体，小四，“WT”设置为上标，为文字“不能在您的机器上正确运行”加红色波浪线。

将第四段所有文字设置为楷体，黄色，文字“专业培训版”文本效果和版式设置为单击“开始”选项卡下“字体”组中的“文本效果和版式”按钮，选择第一行第四列的文本效果和版式，即填充：白色；轮廓：蓝色，主题色 5；阴影。为文字“第四节”加墨绿色底纹，将文字“系统安装”设置为小二、黄色，文本效果为阴影。

将第五段中所有文字设置为黑体、小四，所有“WT”设置为下标，文字“启动界面操作风格”和“优化使用方法”的文本效果和版式设置为单击“开始”选项卡下

“字体”组中的“文本效果和版式”按钮，选择第三行第一列的文本效果和版式，即填充：黑色，文本色 1；边框：白色，背景色 1；清晰阴影：白色，背景色 1。

第六段中除电话号码外，为其他文字加单删除线，所有文字设置为宋体、小四。

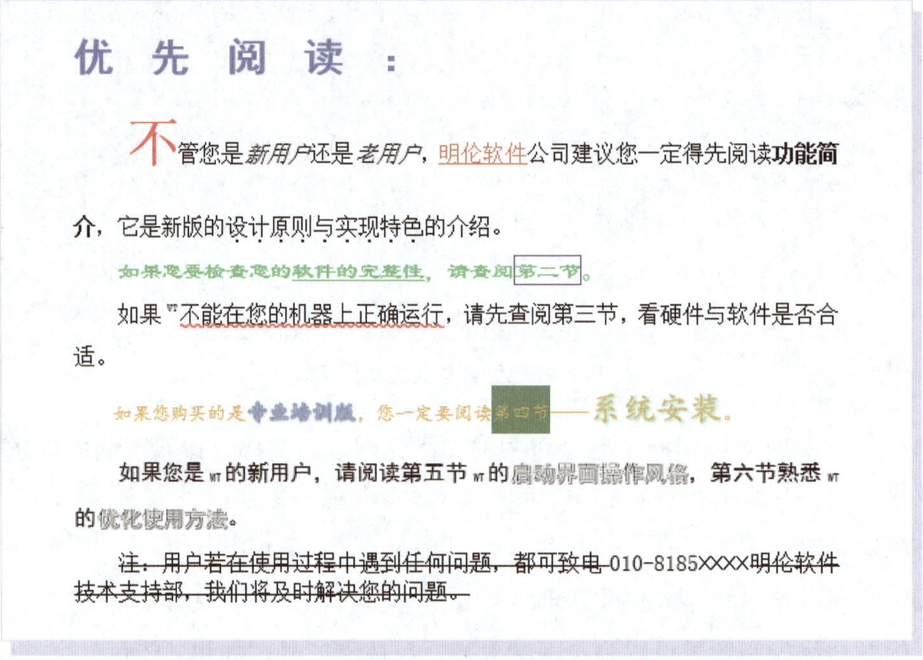

优 先 阅 读 ：

不管您是*新用户*还是*老用户*，明伦软件公司建议您一定得先阅读**功能简介**，它是新版的设计原则与实现特色的介绍。

如果您要检查您的软件的完整性，请查阅第二节。

如果 WT 不能在您的机器上正确运行，请先查阅第三节，看硬件与软件是否合适。

如果您购买的是专业培训版，您一定要阅读第四节——系统安装。

如果您是 WT 的新用户，请阅读第五节 WT 的启动界面操作风格，第六节熟悉 WT 的优化使用方法。

~~注：用户若在使用过程中遇到任何问题，都可致电~~ 010-8185XXXX ~~明伦软件技术支持部，我们将及时解决您的问题。~~

图 1-8　文档最终效果

实训项目二
制作工作计划

一、实训项目介绍

某学院学生小李接到一个任务，为班里拟订一份晨读晨练计划。他需要使用Word 2021办公软件录入计划内容，按照计划的体例格式进行设置。排版要求如下：标题居中，微软雅黑，加粗，三号，黑色；正文两端对齐，首行缩进两字符，仿宋，小四，黑色，1.5倍行距。页面设置要求如下：设置页边距上、下、左、右分别为2厘米，纸张方向为纵向，纸张大小为A4。设置好之后进行文档预览并打印。最终效果如图2–1所示。

英才技师学院18商务文秘班
2018—2019学年第二学期晨读晨练计划

常言道“一年之计在于春，一天之计在于晨”。为丰富同学们的在校生活，帮助同学们利用好每天早晨的时间，获取资讯，丰富知识，锻炼技能，强身健体，根据学校的管理规定和晨读晨练活动的统一要求，经班委会研究，特制订18商务文秘班2018—2019学年第二学期晨读晨练计划，具体如下：

一、活动目标

1. 提高每天早晨半小时（8:00—8:30）的利用效率，与班级同学在共同锻炼、互动分享中建立良好关系；

2. 及时获取当天国内外重要资讯，成为“国事、家事、天下事，事事关心”的青年；

3. 养成良好的阅读习惯，提高阅读能力，用经典好文陶冶情操；

4. 练一手好字，提升硬笔书法水平，传承优良的文化传统；

5. 养成锻炼身体的习惯，保持健康的身体和健康的心态。

二、活动安排

（一）天气良好情况下的安排

1. 周一：根据学校统一安排举行升旗仪式，参与全校集体晨会；

2. 周二：资讯分享（5分钟）、好文阅读（10分钟）、硬笔临摹（15分钟）；

3. 周三：晨练，集体跳礼仪操（15分钟）、自由锻炼（15分钟）；

4. 周四：资讯分享（5分钟）、视频学习（10分钟）、硬笔临摹（15分钟）；

5. 周五：晨练，集体跳啦啦操（15分钟）、自由锻炼（15分钟）。

（二）阴雨天气情况下的安排

1. 周一：资讯分享（5分钟）、视频学习（10分钟）、硬笔临摹（15分钟）；

2. 周二：资讯分享（5分钟）、好文阅读（10分钟）、硬笔临摹（15分钟）；

3. 周三：资讯分享（5分钟）、互动游戏（10分钟）、硬笔临摹（15分钟）；

4. 周四：资讯分享（5分钟）、视频学习（10分钟）、硬笔临摹（15分钟）；

5. 周五：资讯分享（5分钟）、好文阅读（10分钟）、硬笔临摹（15分钟）。

三、活动要求

1. 所有活动以不违背学校和专业系的统一安排为前提；

2. 晨读由各小组轮流准备、主持，晨练不分小组，自由组合；

3. 资讯分享、硬笔临摹为每日必备环节，其他环节可适当调整，但不得与前一天重复；

4. 每一项活动应确保不超时，如有富余时间，可安插其他不重复的活动，或进行自习；

5. 无特殊情况，晨练地点定在学校东体育场，8:00准时集合，晨练时应穿运动服和运动鞋，并注意做好准备活动。

四、保障措施

（一）人员保障

指导：班主任或特邀任课老师

总协调：班长

考勤记录：纪律委员

晨读组织：学习委员、宣传委员

晨练组织：体育委员、文艺委员

设备调试：设备管理员

字帖印制、收集：语文课代表

任务分配、实施、监督与评价：各小组长

（二）奖惩措施

1. 每次晨读结束，由所有在台下的非主持小组为在台上的主持小组打分，学习委员负责汇总登记，学期末将依据小组得分颁发奖励；

2. 每次晨练期间，由全班男生、女生分别轮流为所有男生、女生的表现打分，由体育委员负责汇总登记，学期末将根据得分，评选出“积极锻炼奖”若干，并颁发奖励；

3. 未按时参加晨读、晨练或存在玩手机、睡觉、吃东西、早退等现象的，按班规处罚，并计入操行量化分；

4. 该主持晨读而未准备、未主持的小组，当次评分为 0，晨练时罚跑操场一圈。

（三）其他

本计划最终解释权归班委会和班主任所有。如有任何意见和建议，欢迎随时向班委、老师提出。

英才技师学院 18 商务文秘班

2019 年 2 月 28 日

图 2–1　工作计划最终效果

二、实训项目分析

要完成本实训项目，应按照图 2–2 所示思维导图复习教材中学到的知识点。

为完成本实训项目，需打开 Word 2021 办公软件并新建一个 Word 文档，设置纸张大小和页边距，输入工作计划内容，美化和修饰文档，预览并打印文档。

在完成本实训项目的过程中，注意在设置字符格式化和段落格式化时应遵循从整体到局部、先常规再特殊的原则，在编辑过程中要学会文档的输入、选定、编辑、复制、移动、查找和替换的方法及技巧，学会使用项目符号和项目编号对文档进行美化和修饰，并合理地进行页面布局，学会预览文档和打印文档等常用操作。

三、实训计划制订

根据实训项目分析，学生自己制订完成本实训项目的实训计划，并填写在表 2–1 中。

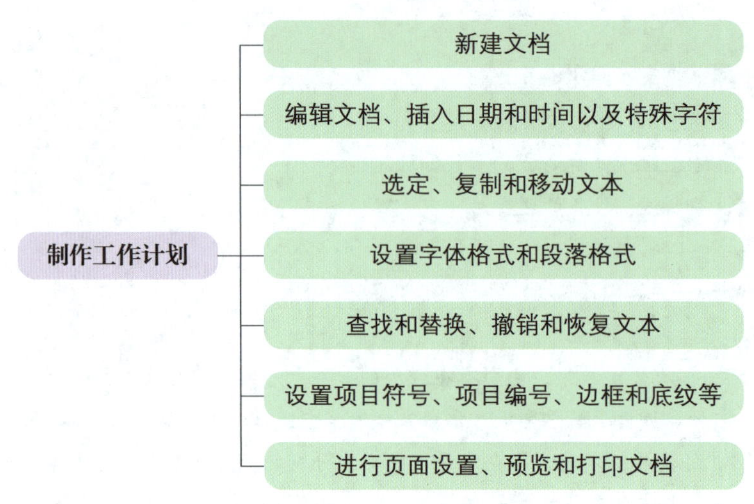

图 2-2 教材内容思维导图

表 2-1 实训计划

序号	工作内容	所需时间

四、操作步骤提示

本实训项目的操作步骤提示见表 2-2。

表 2-2 操作步骤提示

序号	操作步骤	内容
1	新建文档	启动 Word 2021，通过“文件 | 新建”命令或“Ctrl+N”快捷方式新建 Word 文档
2	输入文档	定位光标、输入文本、添加文本、进行撤销和恢复操作、选定文本
3	编辑文档	删除文本、移动文本和复制文本

续表

序号	操作步骤	内容
4	设置字体格式	使用“开始”选项卡下“字体”组中的按钮或“字体”对话框对文字的字体、字号、颜色、字符间距等进行设置
5	设置段落格式	使用“开始”选项卡下“段落”组中的按钮或“段落”对话框对段落的对齐方式、行距、中文版式等进行设置
6	进行文本的查找和替换	若要修改文档中多次重复出现的字或词时，可使用 Word 2021 中提供的“查找和替换”功能
7	进行页面设置	可设置纸张大小、页边距、纸张方向、文字方向，进行预览和打印
8	保存文档	通过“文件 | 保存”命令、快速访问工具栏中的“保存”按钮或“Ctrl+S”快捷方式保存文档

五、操作要点记录

在表 2–3 中记录本实训项目的操作要点。

表 2–3　操作要点记录

序号	操作要点	备注

六、运行与修改记录

打开工作计划文档并修改，排除出现的错误，并在表 2–4 中做好记录。

表 2–4　运行与修改记录

序号	出现错误	错误原因	处理方法

七、实训评价

本实训项目完成后，学生展示作品，解说完成项目过程中的心得体会。展示结束后，从软件操作、作品效果、成果展示等方面对该实训项目进行评价，采用自我评价、小组评价、教师评价相结合的多元评价方式，见表 2–5。

表 2–5 实训评价

序号	评价内容	配分 / 分	评价分数		
			自我评价（占比 30%）	小组评价（占比 30%）	教师评价（占比 40%）
1	对实训项目的分析准确到位	10			
2	能熟练新建和保存 Word 文档	10			
3	能熟练设置纸张大小和页边距	20			
4	能熟练设置字符格式和段落格式等	10			
5	能熟练编辑文档（选定、复制、移动、删除、查找和替换）	10			
6	最终效果符合要求	20			
7	能熟练展示效果及解说作品	20			
学生姓名		综合评分			
指导教师		日期			

八、巩固与练习

1. 选择题

（1）在 Word 2021 的编辑状态下打开“ABC”文档并修改，之后重命名为“ABD”另存，则（　　）。

A. ABC 是当前文档　　B. ABD 是当前文档

C. ABC 和 ABD 均是当前文档　　D. ABC 和 ABD 均不是当前文档

（2）在 Word 2021 的编辑状态下执行两次“剪切”操作，则剪贴板中（　　）。

A. 仅有第一次被剪切的内容　　B. 仅有第二次被剪切的内容

C. 有两次被剪切的内容　　D. 无内容

（3）在 Word 2021 文档的某段落内快速三次单击鼠标左键可以（　　）。

A. 选定当前光标位置的一个词组　　B. 选定整个文档

C. 选定该段落　　D. 选定当前光标位置的一个字

（4）在 Word 2021 中，当前文档的文件名会在（　　）显示。

A. 状态栏　　B. 标题栏

C. 菜单栏　　D. 快速访问工具栏

（5）“Ctrl+A”快捷方式用于（　　）。

A. 剪切　　B. 粘贴　　C. 全选　　D. 帮助

（6）在 Word 2021 中，丰富的特殊符号是通过（　　）输入的。

A.“开始 | 插入符号”命令　　B. 专门的符号按钮

C.“区位码”方式　　D.“插入 | 符号”命令

（7）在 Word 2021 中，“查找”的快捷方式是（　　）。

A. Alt+F　　B. Ctrl+F　　C. Ctrl+H　　D. Alt+H

（8）下列选项中不是“页面设置”对话框中的选项卡的是（　　）。

A. 页边距　　B. 纸张　　C. 布局　　D. 对齐方式

（9）在 Word 2021 编辑状态下，当“开始”选项卡下“剪贴板”组中的“剪切”和“复制”按钮呈浅灰色而不能使用时，说明（　　）。

A. 剪贴板上已经有信息存放了　　B. 在文档中没有选中任何内容

C. 选定的内容是图片　　D. 选定的文档太长，剪贴板放不下

（10）在 Word 2021 中，不缩进段落的第一行，而缩进其余的行，是指（　　）。

A. 首行缩进　　B. 左缩进　　C. 悬挂缩进　　D. 右缩进

2. 操作题

（1）制作一份个人学习计划，排版要求如下：标题居中，微软雅黑，加粗，三号，黑色；正文两端对齐，首行缩进两字符，仿宋，小四，黑色，1.5 倍行距；落款右对齐，仿宋，小四，1.5 倍行距。为正文中的文字“一、学习目标”“二、学习安排”“三、学习要求”“四、学习措施”添加红色边框，最终效果如图 2-3 所示。

2018—2019 学年第一学期个人学习计划

为了不断更新自己的知识层次，努力提高自己的综合素质，更好地锻炼自己，特制订 2018—2019 学年第一学期的学习计划。

一、学习目标

1. 学好本学期开设的英语口语、听力等课程内容，努力做到发音准

确、听力良好，积累 1 000 个以上词汇量。

2. 各门专业课成绩平均 85 分以上，体育成绩 80 分以上。

3. 读 7～8 本优秀课外书，坚持读英文报刊《21 世纪报》。

4. 写好钢笔字。

二、学习安排

早上 6:30—7:30，起床，进行体育锻炼；

早上 8:00—8:30，早读英语单词和课文，听录音；

早上 8:40—12:10，课堂学习；

下午 14:30—16:30，课堂学习；

下午 16:40—17:30，到图书馆阅读或参加课外活动；

晚上 19:00—21:00，做作业、预习、复习、练字。

三、学习要求

1. 循序渐进，持之以恒，切忌“三天打鱼、两天晒网”。

2. 统筹兼顾，科学安排，处理好学习与课外活动的关系。

3. 融会贯通，学以致用，虚心向老师和同学请教，不断积累知识和经验。

四、学习措施

1. 课前预习，上课认真听讲，课后复习。按时完成作业，做到口到、手到、心到。

2. 每天坚持早读，背单词、朗诵课文、听录音。

3. 制定学习时间表，让同学见证、监督自己的学习。

4. 利用课外时间到图书馆阅读报刊，开阔自己的视野。

5. 养成随身携带英语单词表的习惯，有空就背单词，增加词汇量。

6. 积极参加各种集体活动，做到劳逸结合，培养各种有益的兴趣与爱好。

7. 坚持每天练字。

×××

2018 年 9 月 1 日

图 2-3　个人学习计划最终效果

（2）制作团支部工作计划，排版要求如下：标题居中，微软雅黑，加粗，三号，黑色；正文两端对齐，首行缩进两字符，仿宋，小四，黑色，1.5 倍行距；落款右对齐，仿宋，小四，黑色，1.5 倍行距。为正文中的文字“一、任务与要求”“二、工作安排”“三、实施措施”“四、经费预算”添加灰色 -50% 底纹。最终效果如图 2-4 所示。

××团支部××学年第一学期工作计划

新的一学期开始了。按照校团委的要求，为使支部工作在新学期更有成效地开展，经讨论，制订工作计划如下。

一、任务与要求

1. 在校团委的统一部署下，继续深入学习党史和党的路线、方针、政策。

2. 发展新团员×名，同时做好老团员的思想政治工作，发挥团员的先锋模范作用。

3. 参加学校组织的各项活动，确保上游，力争卓越。

4. 组织支部团员活动，增强支部凝聚力。

二、工作安排

1. 根据校团委的统一部署，每月召开两次支部会议，学习党史和党的路线、方针、政策。

2. 9月初，筹备节目，准备参加校团委、学生会组织的“庆国庆”文艺会演。

3. 9月中旬，组织团员读书活动，写读后感，评出优秀文章送学校参加征文活动。

4. 中秋节，组织团员到敬老院进行一次“青年志愿者爱心奉献”活动。

5. 11月初，与班委会联合举办专业技能竞赛，评出优秀选手参加校学生会组织的专业技能竞赛，并争取进入前三名。

6. 11月中旬，在班内进行发展新团员的宣传，并为申请入团的同学配备辅导员。

7. 12月中旬，讨论发展新团员问题，确定发展对象并上报校团委。

8. 12月底，与班委会联合组织“迎元旦师生联谊会”，慰问任课老师，准备节目表演。

9. 明年元月中旬，组织团员进行思想品德、行为操守等方面的自查自纠活动，并督促团员做好复习迎考工作。

10. 放假前，进行支部工作总结，召开支部大会，评选优秀团员并上报校团委。

三、实施措施

1. 接受校团委的领导和监督。

2. 随时与班主任联系，接受班主任的指导。

3. 各项工作分工明确，责任到人。

4. 活动经费问题通过班费和团员自愿捐助解决。

5. 做好工作台账，随时自查自纠，保证计划按时实施。

四、经费预算

1. 需购 U 盘 4 个，约需 80 元。

2. 献爱心活动拟购月饼、水果等物品，约需 100 元。

3. 慰问老师的贺年卡，约需 15 元。

4. 联谊会教室布置物品，约需 30 元。

20×× 年 × 月 × 日

图 2-4　团支部工作计划最终效果

（3）输入散文《时间》，按照下面的要求排版，最终效果如图 2–5 所示。

排版要求如下：

打开实训项目二素材文件夹下的“时间 .docx”，将散文最后一段中的“我们自己是以什么样的态度来期许我们自己”选中并复制到标题之前，设置字体格式为：楷体、小四、蓝色、居中，并为此文字加边框：方框型，线型为“虚下划线”，宽度为 1 磅。

设置标题：将标题文字“时”设置为华文行楷，小初，字符上升 7 磅，标题文字“间”设置为华文行楷，一号。标题文字“时间”加水绿色，个性色 5，淡色 60%。

插入符号：在作者“席慕蓉”之前插入符号——白色圆。

选中作者“席慕蓉”，设置字体格式：楷体，五号，居右，行距最小值 15 磅，段后 0.5 行。

选中所有段落，设置格式：首行缩进 2 个字符；选中正文前六段，设置字体格式：楷体，小四；设置段落格式：段后 0.5 行，选中正文第七段 ~ 第十一段，设置字体格式：仿宋，小四。

将散文第二段文字加着重号，将正文中的“时间”全部修改为倾斜、红色、加着重号。

我们自己是以什么样的态度来期许我们自己

○席慕蓉

一锅米饭，放到第二天，水气就会干了一些。放到第三天，味道恐怕就有问题了。第四天，我们几乎可以发现，它已经变坏了。再放下去，眼看就要发霉了。

是什么原因，使那锅米饭变馊变坏？

是时间。

可是，在浙江绍兴，年轻的父母生下女儿，他们就会在地窖里埋下一坛坛米做的酒。十七八年后，女儿长大了，这些酒就成为了嫁女儿婚礼上的佳酿。它有一个美丽惹人遐思的名字，叫女儿红。

是什么使那些平凡的米，变成芬芳甘醇的酒？

也是时间。

到底，时间是善良的，还是邪恶的魔术师呢？不是，时间只是一种简单的乘法，另把原来的数值倍增而已。开始变坏的米饭，每一天都不断变得更腐臭。而开始变醇的美酒，每一分钟都在继续增加芬芳。

在人世间，我们也曾看到过天真的少年一旦开始堕落，便不免越陷越深，终于变得满脸风尘，面目可憎。但是相反地，时间却把温和的笑痕、体谅的眼神、成熟的风采、智慧的神韵添加在那些追求善良的人身上。

同样是煮熟的米，坏饭与美酒的差别在哪里呢？就在那一点点酒曲。

同样是父母所生的，谁堕落如禽兽，而谁又能提升成完美的人呢？是内心深处，紧紧环抱不放的，求真求善求美的渴望。

时间怎样对待你我呢？这就要看我们自己是以什么样的态度来期许我们自己了。

图 2-5 散文《时间》编排的最终效果

实训项目三
制作宣传海报

一、实训项目介绍

某学校信息工程系学生会要开展招聘新人活动，学生小李接到该活动宣传海报的制作任务。他需要使用 Word 2021 办公软件录入学生会招聘新人的要求，并按照宣传海报的设计风格进行相关设置，最终效果如图 3-1 所示。

图 3-1　宣传海报最终效果

二、实训项目分析

要完成本实训项目，应按照图 3–2 所示思维导图复习教材中学到的知识点。

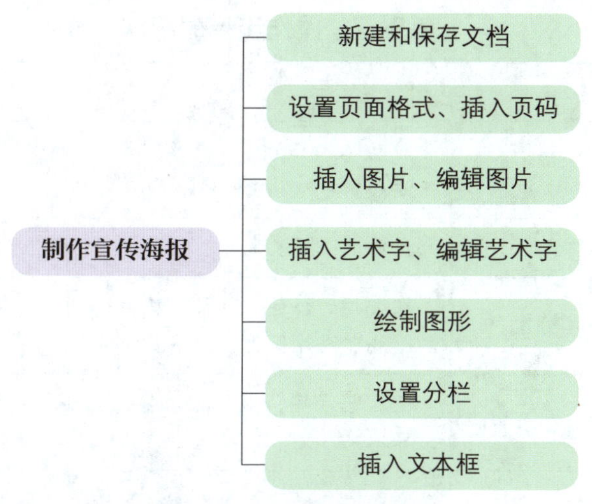

图 3–2　教材内容思维导图

为完成本实训项目，需打开 Word 2021 办公软件，新建一个 Word 文档，利用插入形状、插入并编辑艺术字、插入并编辑图片、设置页面和分栏等知识点，学习图文混排的技巧。

在完成实训项目的过程中，注意在图文混排时应按照设置背景、文字、形状和图片的顺序进行，对插入的图片或图形对象要设置环绕方式，插入文本框时要设置填充色和边框的颜色，艺术字和形状叠加时要注意层次关系。

三、实训计划制订

根据实训项目分析，学生自己制订完成本实训项目的实训计划，并填写在表 3–1 中。

表 3–1　实训计划

序号	工作内容	所需时间

四、操作步骤提示

本实训项目的操作步骤提示见表 3–2。

表 3–2 操作步骤提示

序号	操作步骤	内容
1	新建文档	启动 Word 2021，通过“文件 | 新建”命令或“Ctrl+N”快捷方式新建 Word 文档
2	设置页面格式	按要求设置纸张大小、页边距、纸张方向等
3	插入并编辑图片	在文档的合适位置插入图片并调整图片大小、位置和环绕方式，处理图片背景，调整图片排列顺序，使图片符合要求
4	插入并编辑艺术字	插入艺术字，调整艺术字的大小、位置和环绕方式、样式、文本填充、文本边框等
5	插入文本框	插入文本框，添加文字和图片等，设置文本框填充色和轮廓
6	绘制形状	绘制矩形形状，在矩形框中添加文字，设置形状的填充色和轮廓等效果
7	保存文档	通过“文件 | 保存”命令或快速访问工具栏中的“保存”按钮或“Ctrl+S”快捷方式保存文档

五、操作要点记录

在表 3–3 中记录本实训项目的操作要点。

表 3–3 操作要点记录

序号	操作要点	备注

六、运行与修改记录

打开宣传海报文档并修改，排除出现的错误，并在表 3–4 中做好记录。

表 3-4　运行与修改记录

序号	出现错误	错误原因	处理方法

七、实训评价

本实训项目完成后，学生展示作品，解说完成项目过程中的心得体会。展示结束后，从软件操作、作品效果、成果展示等方面对该实训项目进行评价，采用自我评价、小组评价、教师评价相结合的多元评价方式，见表 3-5。

表 3-5　实训评价

序号	评价内容	配分 / 分	评价分数		
			自我评价（占比 30%）	小组评价（占比 30%）	教师评价（占比 40%）
1	对实训项目的分析准确到位	20			
2	能熟练新建 Word 文档并保存	10			
3	能熟练插入图片和艺术字并编辑	20			
4	能灵活应用文本框和形状	10			
5	最终效果符合要求	20			
6	能熟练展示效果及解说作品	20			
学生姓名		综合评分			
指导教师		日期			

八、巩固与练习

1. 选择题

（1）在 Word 编辑状态下，若要在当前窗口中绘制自选图形，则可选的操作是单击（　　）命令。

A. 文件 | 新建　　B. 开始 | 粘贴

C. 审阅 | 新建批注　　D. 插入 | 插图 | 形状

（2）在 Word 2021 中，当文档中插入图片对象后，可以通过设置图片的文字环绕方式进行图文混排，下列选项中（　　）不是 Word 2021 提供的文字环绕方式。

A. 四周型　　B. 衬于文字下方

C. 嵌入型　　D. 左右型

（3）在 Word 2021 中，如果在有文字的区域绘制图形，则在文字与图形的重叠部分（　　）。

A. 文字不可能被覆盖　　B. 文字可能被覆盖

C. 文字小部分被覆盖　　D. 文字大部分被覆盖

（4）在 Word 2021 中对图形进行编辑的方法是（　　），此时出现“图片格式”选项卡。

A. 按 F2 键　　B. 双击图形

C. 单击图形　　D. 按 Shift 键

（5）下列关于文本框的描述中正确的是（　　）。

A. 在文本框中可以输入任意字符，但不能插入图片

B. 在文本框中可以输入任意字符和图片，但不能使用项目符号

C. 文本框的方向只能在插入文本框时确定，后期不可再更换和调整

D. 在插入文本框后，文本框的方向可以通过调整文字方向进行横排与竖排的切换

（6）下列关于 Word 2021 艺术字的描述中正确的是（　　）。

A. Word 2021 提供了修改艺术字样式功能

B. Word 2021 的艺术字制作完成后，不能再进行艺术字样式的修改

C. Word 2021 没有提供修改艺术字文字的功能

D. Word 2021 的艺术字制作完成后，不能再进行艺术字文字的修改

（7）对 Word 2021 中的图片进行编辑时，裁剪是按照（　　）方向展开的。

A. 矩形　　B. 圆形　　C. 椭圆形　　D. 三角形

（8）在 Word 2021 中，要为文档添加艺术字，应先切换到（　　）选项卡。

A.“插入”　　B.“视图”　　C.“开始”　　D.“布局”

（9）图文混排是 Word 2021 的特色之一，下列叙述中错误的是（　　）。

A. 可以在文档中插入剪贴画　　B. 可以在文档中插入图形

C. 可以在文档中使用文本框　　D. 可以在文档中使用配色方案

（10）在 Word 2021 中，插入的图片与文字之间的默认环绕方式是（　　）。

A. 上下环绕　　　　B. 四周环绕　　　　C. 嵌入型　　　　D. 紧密环绕

2. 操作题

（1）新建一个名称为“城市，让生活更美好”的 Word 文档，将文档的页面设置为：宽度为 35 厘米，高度为 28 厘米，页边距为上、下、左、右各 3 厘米，插入实训项目三操作题素材中的图片进行文档的装饰和美化，最终效果如图 3-3 所示。排版要求如下：

将“城市，让生活更美好”设置成艺术字，字体为宋体，字号为小三，将文本效果转换为 V 形：正。

按照样文插入形状并添加文字，设置文字颜色为白色，文字方向为垂直，形状填充色为紫色，个性色 4，淡色 40%。

按照样文插入实训项目三操作题素材中的图片 1.jpg、2.jpg、3.jpg、4.jpg，进行文档的装饰和美化，按照样文设置图片的位置、大小和环绕方式。

图 3-3　“城市，让生活更美好”文档最终效果

（2）利用艺术字制作水中倒影，最终效果如图 3-4 所示。排版要求如下：

新建一个名为“水中倒影”的 Word 文档。插入艺术字并录入文字“水中倒影”，设置艺术字格式为艺术字样式 2 行 2 列，隶书，40 号，将文本效果映像为全映像：接触。

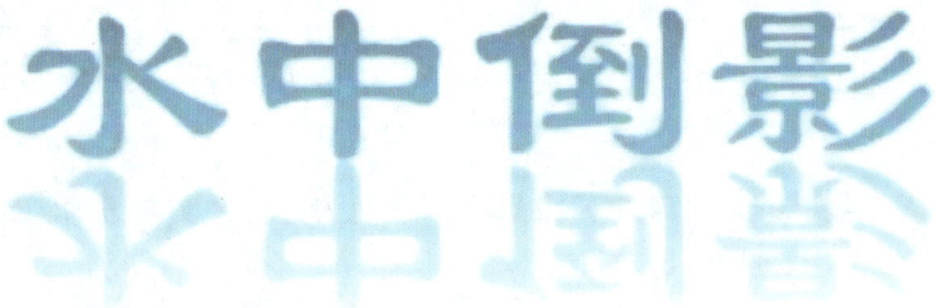

图 3-4 “水中倒影”最终效果

（3）利用艺术字和形状制作如图 3-5 所示的扇面书签“一帆风顺”。排版要求如下：

新建一个名为“一帆风顺”的 Word 文档。单击“插入”选项卡下“插图”组中的“形状”按钮，选择“基本形状”中的“空心弧”，完成扇面制作。扇面形状填充为橙色，个性色 2，淡色 40%；形状轮廓为无。

插入艺术字“一帆风顺”，设置艺术字格式为艺术字样式 1 行 1 列，华文行楷，将文本效果转换为 V 形：倒，阴影为偏右，白色。

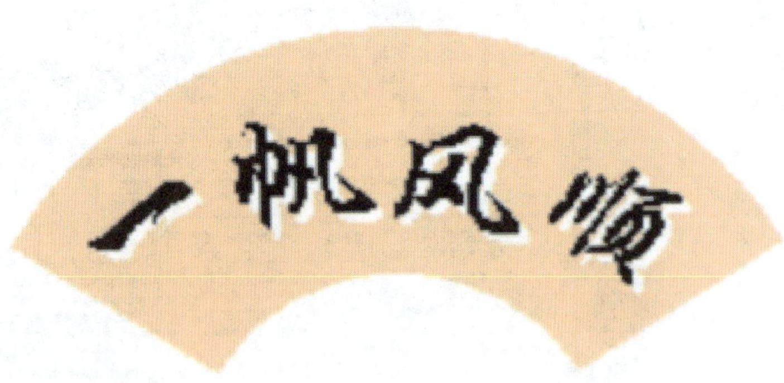

图 3-5 扇面书签最终效果

（4）利用“形状”中的“流程图”制作如图 3-6 所示的流程图。

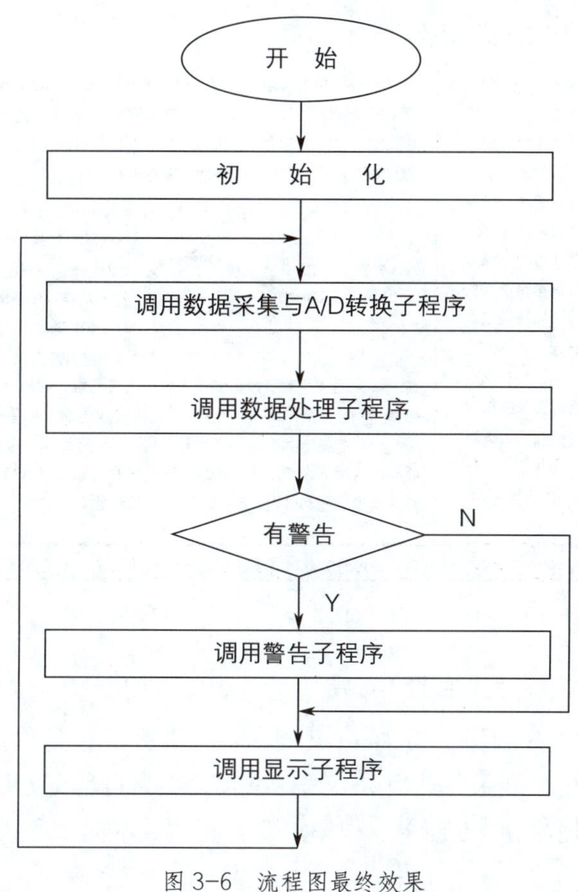

图 3-6　流程图最终效果

（5）对“绿色旋律 .docx”文档进行排版，最终效果如图 3-7 所示。排版要求如下：

打开实训项目三操作题素材中的“绿色旋律 .docx”。

将“绿色旋律”设置成艺术字，字体为隶书，字号为四号，加绿色底纹，将文本效果转换为波形：下。

将“树叶音乐”字体设为华文新魏，字号为四号。

将正文一、二、三段分为两栏（偏左），1 栏 9 字符，2 栏 24 字符，加分隔线。

插入实训项目三操作题素材中的图片 leaf.wmf，设置图片为四周型环绕方式，按样文设置图片的位置和大小。为第四段加灰色底纹，加外框。

——树叶音乐

树叶，是大自然赋予人类的天然绿色乐器。吹树叶的音乐形式，在我国有悠久的历史。早在一千多年前，《旧唐书·音乐志二》中就有“衔叶而啸，其声清震”的记载；大诗人白居易也有诗云：“苏家小女旧知名，杨柳风前别有情，剥条盘作银环样，卷叶吹为玉笛声”，可见那时候树叶音乐就已相当流行。

树叶这种最简单的乐器，通过各种技巧，可以吹出节奏明快、情绪欢乐的曲调，也可吹出清亮悠扬、深情婉转的歌曲。它的音色柔美细腻，好似人声在歌唱，那变化多端的动听旋律，使人心旷神怡，富有独特情趣。

吹树叶一般采用橘树、枫树、冬青或杨树的叶子，以不老不嫩为佳。太嫩的叶子软，不易发音；太老的叶子硬，音色不柔美。叶片也不应过大或过小，要保持一定的湿度和韧性，太干易折，太湿易烂。它的演奏，是靠运用适当的气流吹动叶片，使之振动发音的。叶子是簧片，口腔像个共鸣箱。吹奏时，将叶片夹在唇间，用气吹动叶片的下半部，使其颤动，以气息的控制和口形的变化来掌握音准和音色，能吹出两个八度音程。

用树叶伴奏的抒情歌曲，于淳朴自然中透着清新之气，意境优美，别有风情。

图 3-7 “绿色旋律”排版最终效果

（6）制作名片，最终效果如图 3-8 所示。排版要求如下：

新建一个名为“名片制作”的 Word 文档，将“页边距”上、下、左、右以及装订线均设置为 0。切换到“纸张”选项卡，选择纸张大小为自定义大小，将名片的高度和宽度分别设置为 8.8 厘米和 5.5 厘米。根据需要，利用文本框、形状和图片绘制名片。

图 3-8 名片最终效果

实训项目四
制作公司组织结构图

一、实训项目介绍

某公司人事部员工小李接到一个任务，为公司制作一张组织结构图。他需要使用Word 2021办公软件，根据公司部门设置情况和隶属关系制作出公司组织结构图，按照组织结构图的体例格式要求进行设置。最终效果图如图4–1所示。

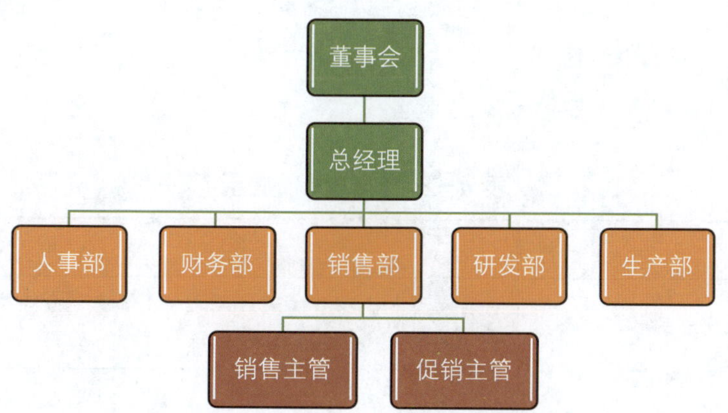

图4–1　公司组织结构图最终效果

二、实训项目分析

要完成本实训项目，应按照图4–2所示思维导图复习教材中学到的知识点。

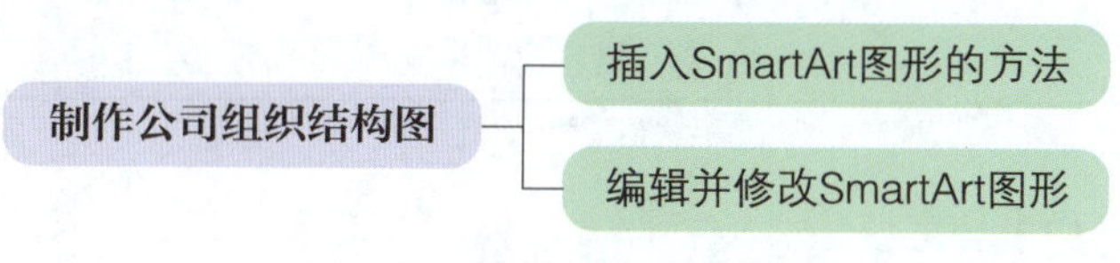

图4–2　教材内容思维导图

为完成本实训项目，需打开 Word 2021 办公软件，制作公司组织结构图，学习插入 SmartArt 图形和编辑修改 SmartArt 图形的方法。

三、实训计划制订

根据实训项目分析，学生自己制订完成本实训项目的实训计划，并填写在表 4–1 中。

表 4–1　实训计划

序号	工作内容	所需时间

四、操作步骤提示

本实训项目的操作步骤提示见表 4–2。

表 4–2　操作步骤提示

序号	操作步骤	内容
1	新建文档	启动 Word 2021，通过“文件|新建”命令或“Ctrl+N”快捷方式等新建 Word 文档
2	插入 SmartArt 图形	单击“开始”选项卡下“插图”组中的“SmartArt”按钮，在弹出的“选择 SmartArt 图形”对话框中选择图形类型，并输入相关内容
3	编辑 SmartArt 图形	选中 SmartArt 图形，在出现的“SmartArt 设计”选项卡和“格式”选项卡中可以对图形进行编辑、修改及美化
4	保存文档	通过“文件|保存”命令或快速访问工具栏中的“保存”按钮或“Ctrl+S”快捷方式保存文档

五、操作要点记录

在表 4–3 中记录本实训项目的操作要点。

表 4-3　操作要点记录

序号	操作要点	备注

六、运行与修改记录

打开公司组织结构图文档并修改，排除出现的错误，并在表 4-4 中做好记录。

表 4-4　运行与修改记录

序号	出现错误	错误原因	处理方法

七、实训评价

本实训项目完成后，学生展示作品，解说完成项目过程中的心得体会。展示结束后，从软件操作、作品效果、成果展示等方面对该实训项目进行评价，采用自我评价、小组评价、教师评价相结合的多元评价方式，见表 4-5。

表 4-5　实训评价

序号	评价内容	配分 / 分	评价分数		
			自我评价（占比 30%）	小组评价（占比 30%）	教师评价（占比 40%）
1	对实训任务的分析准确到位	20			
2	能熟练插入 SmartArt 图形	10			
3	能对 SmartArt 图形进行编辑和修改	20			
4	在完成任务的过程中注意相互配合	10			

续表

序号	评价内容	配分/分	评价分数		
			自我评价（占比 30%）	小组评价（占比 30%）	教师评价（占比 40%）
5	最终效果符合要求	20			
6	能熟练展示效果及解说作品	20			
学生姓名		综合评分			
指导教师		日期			

八、巩固与练习

1. 选择题

（1）在 Word 2021 中，有（　　）类 SmartArt 图形可供选择。

A. 9　　B. 8　　C. 5　　D. 6

（2）在 SmartArt “层次结构”类型下有（　　）种样式可供选择。

A. 6　　B. 9　　C. 13　　D. 16

（3）下列关于 Word 2021 的 SmartArt 图形的说法中，正确的是（　　）。

A. 它是一种图示库，用于创立具有专业水准的文字插图

B. 它可以用来导入 Word 程序外的视频文件

C. 它是一种用来创立艺术文字的配色方案

D. 它可以用来导入 Word 程序外的图像文件

（4）在 Word 2021 中，要插入 SmartArt 图形应选择（　　）选项卡。

A. “文件”　　B. “对象”　　C. “绘图”　　D. “插入”

（5）在 Word 2021 中，插入 SmartArt 图形的默认布局方式是（　　）。

A. 四周型　　B. 紧密型　　C. 嵌入型　　D. 上下型

（6）在 Word 2021 的 SmartArt 图形中，不包含（　　）。

A. 列表　　B. 流程　　C. 甘特图　　D. 矩阵

（7）在 Word 2021 中，下列选项中不属于图形对象的是（　　）。

A. 艺术字　　B. 超链接　　C. 剪贴画　　D. SmartArt

（8）在 Word 2021 中，要显示连续的流程可以选择（　　）类型的 SmartArt 图形。

A. 矩阵　　B. 流程　　C. 循环　　D. 层次结构

（9）在 Word 2021 中，创建组织结构图可以选择（　　）类型的 SmartArt 图形。

A. 层次结构　　B. 矩阵　　C. 循环　　D. 流程

（10）在 Word 2021 中，下列描述中（　　）是添加 SmartArt 图形的操作。

A. 单击“插入”选项卡下“插图”组中的“SmartArt”按钮

B. 单击“开始”选项卡下“插图”组中的“图片”按钮

C. 单击“设计”选项卡下“插图”组中的“SmartArt”按钮

D. 单击“绘图”选项卡下“绘图工具”组中的“SmartArt”按钮

2. 操作题

（1）制作某公司组织结构图，最终效果如图 4-3 所示。

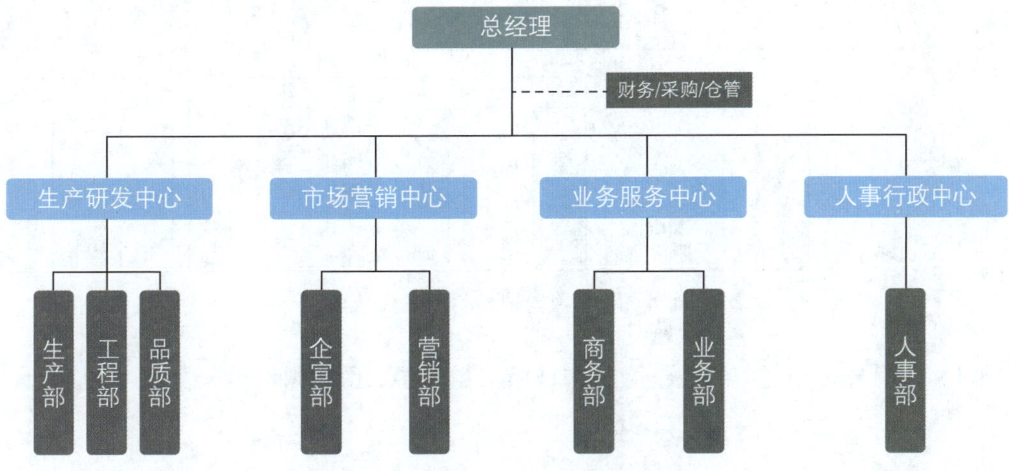

图 4-3　公司组织结构图最终效果

（2）制作公司招聘管理流程，最终效果如图 4-4 所示。

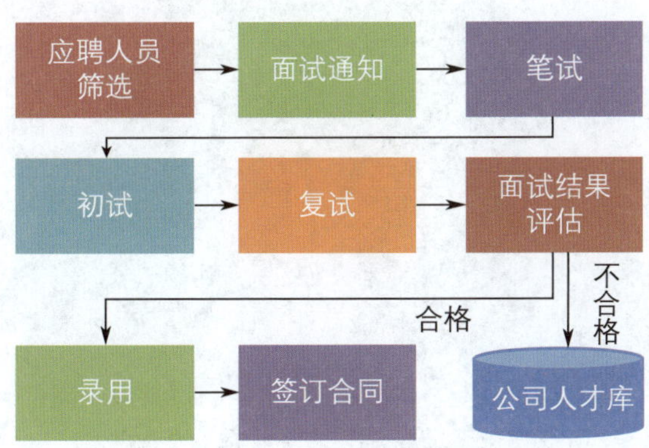

图 4-4　公司招聘管理流程最终效果

（3）制作学校组织结构图，最终效果如图 4-5 所示。

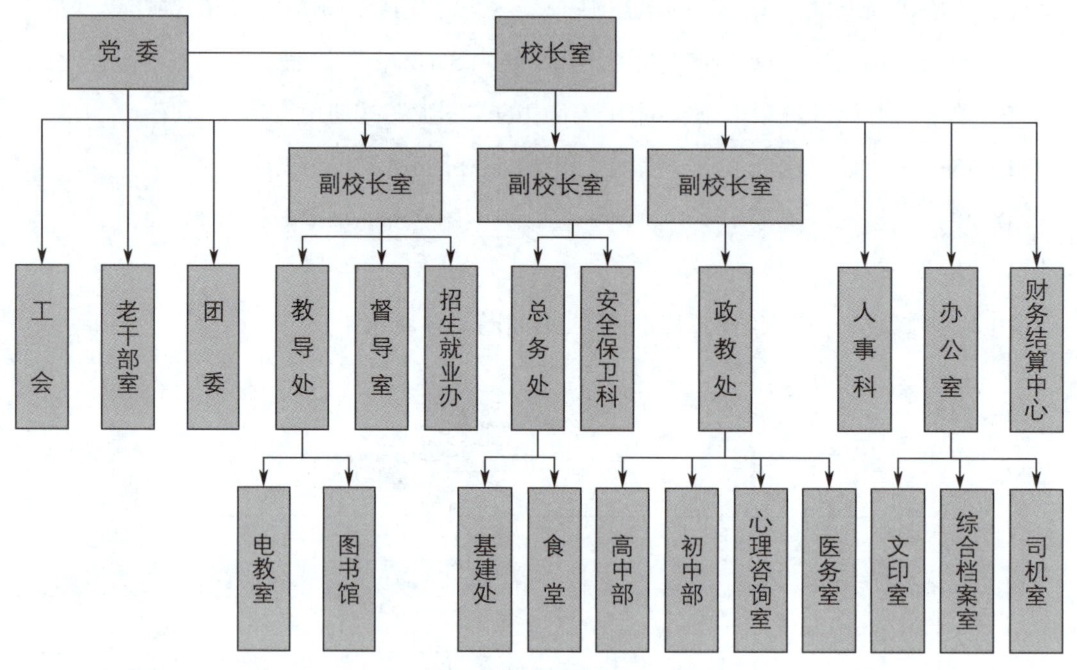

图 4-5　学校组织结构图最终效果

（4）利用 SmartArt 中的棱锥图制作马斯洛需求层次图，最终效果如图 4-6 所示。

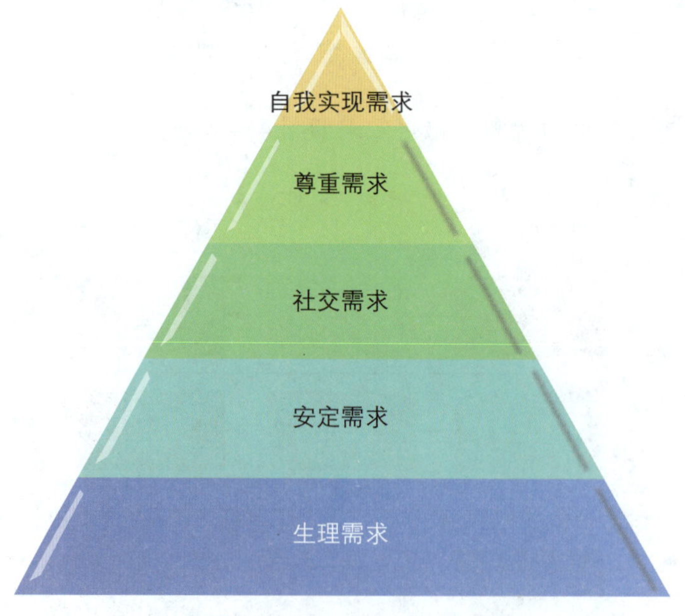

图 4-6　马斯洛需求层次图最终效果

（5）通过绘制图 4-7 所示自选图形来学习为自选图形填充颜色，添加边框、阴影和文字等。

图 4-7　自选图形最终效果

实训项目五
制作会议记录表

一、实训项目介绍

某公司人事处员工小李接到一个任务，为公司制作一张会议记录表。他需要在 Word 2021 中插入一张表格，根据公司会议记录需要设计表格相关内容，并按照会议记录表的体例格式进行设置。排版要求如下：表名居中，微软雅黑，加粗，三号，黑色；表格中文字居中，仿宋，小四，黑色。最终效果如图 5-1 所示。

会议记录表

会议名称		开会地点		开会日期	
主持人		会议性质		具体时间	
会议的主题与宗旨					
参会部门及总人数					
参会者应准备的资料					
会议的主要内容					
会议的决定事项及内容					
备注					

图 5-1　会议记录表最终效果

二、实训项目分析

要完成本实训项目，应按照图 5-2 所示思维导图复习教材中学到的知识点。

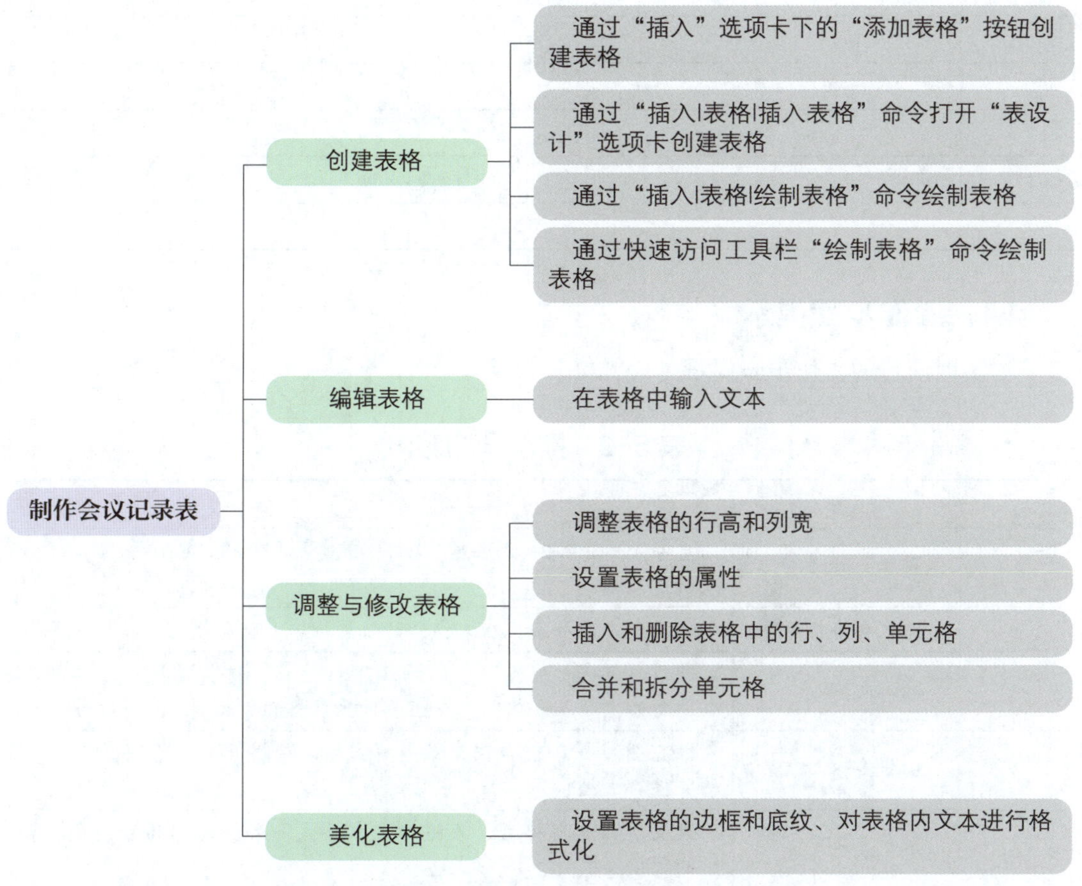

图 5-2　教材内容思维导图

为完成本实训项目，需打开 Word 2021 办公软件制作会议记录表，利用的知识点是创建表格、编辑表格、设置表格格式等。

在完成本实训项目的过程中，注意在进行表格操作时，应先选定表格中的操作对象。制作表格时，应按照先整体、再局部，先概括、再细化的原则，直接移动标尺上的“移动表格列”进行整体布局，选定单元格后再移动表格边框线调整单元格局部布局，灵活使用表格样式。

三、实训计划制订

根据实训项目分析，学生自己制订完成本实训项目的实训计划，并填写在表 5-1 中。

表 5-1 实训计划

序号	工作内容	所需时间

四、操作步骤提示

本实训项目的操作步骤提示见表 5-2。

表 5-2 操作步骤提示

序号	操作步骤	内容
1	新建文档	启动 Word 2021，通过“文件 | 新建”命令或“Ctrl+N”快捷方式新建文档
2	输入表格标题	选择中文输入法，在文档开始位置输入表格标题“会议记录表”
3	插入表格	通过“插入 | 表格”命令打开下拉菜单，选择“插入表格”命令，打开“插入表格”对话框，设置表格的行数为 8，列数为 6
4	编辑表格	根据图 5-1 所示会议记录表样式输入有关内容，合并相关单元格并保存文档
5	美化表格	设置表格标题格式、表格内文本格式、表格的行高和列宽、表格的边框样式
6	保存文档	通过“文件 | 保存”命令或快速访问工具栏中的“保存”按钮或“Ctrl+S”快捷方式保存文档

五、操作要点记录

在表 5-3 中记录本实训项目的操作要点。

表 5-3 操作要点记录

序号	操作要点	备注

六、运行与修改记录

打开会议记录表文档并修改，排除出现的错误，并在表 5–4 中做好记录。

表 5–4　运行与修改记录

序号	出现错误	错误原因	处理方法

七、实训评价

本实训项目完成后，学生展示作品，解说完成项目过程中的心得体会。展示结束后，从软件操作、作品效果、成果展示等方面对该实训项目进行评价，采用自我评价、小组评价、教师评价相结合的多元评价方式，见表 5–5。

表 5–5　实训评价

<table>
<tr><th rowspan="2">序号</th><th rowspan="2" colspan="2">评价内容</th><th rowspan="2">配分 / 分</th><th colspan="3">评价分数</th></tr>
<tr><th>自我评价
（占比 30%）</th><th>小组评价
（占比 30%）</th><th>教师评价
（占比 40%）</th></tr>
<tr><td>1</td><td colspan="2">对实训项目的分析准确到位</td><td>20</td><td></td><td></td><td></td></tr>
<tr><td>2</td><td colspan="2">能熟练插入表格</td><td>10</td><td></td><td></td><td></td></tr>
<tr><td>3</td><td colspan="2">能熟练编辑和修改表格</td><td>20</td><td></td><td></td><td></td></tr>
<tr><td>4</td><td colspan="2">在完成任务的过程中注意相互配合</td><td>10</td><td></td><td></td><td></td></tr>
<tr><td>5</td><td colspan="2">最终效果符合要求</td><td>20</td><td></td><td></td><td></td></tr>
<tr><td>6</td><td colspan="2">能熟练展示效果及解说作品</td><td>20</td><td></td><td></td><td></td></tr>
<tr><td colspan="2">学生姓名</td><td></td><td colspan="2">综合评分</td><td colspan="2"></td></tr>
<tr><td colspan="2">指导教师</td><td></td><td colspan="2">日期</td><td colspan="2"></td></tr>
</table>

八、巩固与练习

1. 选择题

（1）在 Word 2021 中，对表格添加边框应执行（　　）操作。

A. 选中表格，单击“开始”选项卡下“段落”组中的“边框”按钮

B. 选中表格，单击“表格”选项卡下“边框”组中的“边框”按钮

C. 选中表格，单击“布局”选项卡下“边框”组中的“边框”选项卡

D. 选中表格，单击“插入”选项卡下“边框”组中的“边框”按钮

（2）下列删除单元格的操作正确的是（　　）。

A. 选中要删除的单元格，按“Delete”键

B. 选中要删除的单元格，按“剪切”按钮

C. 选中要删除的单元格，按“Shift+Delete”键

D. 选中要删除的单元格，单击鼠标右键，在弹出的快捷菜单中选择“删除单元格”命令

（3）若要删除 Word 2021 文档中表格的某单元格所在行，应选择“删除单元格”对话框中的（　　）。

A. 右侧单元格左移　　B. 下方单元格上移

C. 删除整行　　D. 删除整列

（4）在 Word 2021 中要对某一单元格进行拆分，应执行（　　）操作。

A.“插入 | 拆分单元格”命令

B.“格式 | 拆分单元格”命令

C.“工具 | 拆分单元格”命令

D. 单击鼠标右键，在弹出的快捷菜单中选择“拆分单元格”命令

（5）在编辑表格的过程中，下列操作中（　　）可以在改变表格中某列宽度的时候，不影响其他列的宽度。

A. 直接拖动某列的右边框线

B. 直接拖动某列的左边框线

C. 拖动某列右边框线的同时，按住 Shift 键

D. 拖动某列右边框线的同时，按住 Ctrl 键

（6）下列关于拆分表格的说法中正确的是（　　）。

A. 只能把表格拆分为左右两部分　　B. 只能把表格拆分为上下两部分

C. 可以自己设定要拆成的行列数　　　　D. 只能把表格拆分成列

（7）下面关于 Word 2021 表格功能的说法中不正确的是（　　）。

A. 可以通过表格工具将表格转换成文本　　B. 在表格的单元格中可以插入表格

C. 在表格中可以插入图片　　　　D. 不能设置表格的边框线

（8）在表格中编辑文本时，选择整行或整列后（　　）就能删除其中的所有文本。

A. 按空格键　　　　B. 按“Ctrl+Tab”键

C. 单击“Cut”按钮　　　　D. 按“Delete”键

（9）要在表格的右侧增加一列，应先选择表格右侧的所有行结束标记，然后单击鼠标右键，在弹出的快捷菜单中选择（　　）命令。

A. 在右侧插入行　　　　B. 在右侧插入列

C. 增加行　　　　D. 增加列

（10）当鼠标光标在表格的最后一行最后一个单元格时，按 Tab 键将（　　）。

A. 删除一行

B. 产生一个新列

C. 将插入点移到新产生的一行的第一个单元格

D. 将插入点移到第一行的第一个单元格

2. 操作题

（1）制作一份文件传阅单，最终效果如图 5-3 所示。

文件传阅单

<table>
<tr><td>来文单位</td><td></td><td>收文时间</td><td></td><td>文号</td><td></td><td>份数</td><td></td></tr>
<tr><td>文件标题</td><td colspan="7"></td></tr>
<tr><td>传阅时间</td><td>领导姓名</td><td colspan="2">阅退时间</td><td colspan="4">领导阅文批示</td></tr>
<tr><td></td><td></td><td colspan="2"></td><td colspan="4"></td></tr>
<tr><td></td><td></td><td colspan="2"></td><td colspan="4"></td></tr>
<tr><td></td><td></td><td colspan="2"></td><td colspan="4"></td></tr>
<tr><td></td><td></td><td colspan="2"></td><td colspan="4"></td></tr>
<tr><td>备注</td><td colspan="7"></td></tr>
</table>

图 5-3　文件传阅单最终效果

（2）制作一份新员工培训计划表，最终效果如图 5-4 所示。

（3）制作一份个人简历，最终效果如图 5-5 所示。

新员工培训计划表

编号

<table>
<tr><td rowspan="3">受训人员</td><td>姓名</td><td colspan="4"></td><td rowspan="3">辅导员</td><td>姓名</td><td></td></tr>
<tr><td>学历</td><td colspan="2"></td><td>培训时间</td><td></td><td>部门</td><td></td></tr>
<tr><td>专长</td><td colspan="4"></td><td>职称</td><td></td></tr>
<tr><td>序号</td><td>培训时间</td><td>培训天数</td><td>培训项目</td><td>培训部门</td><td>培训员</td><td colspan="3">培训日程及内容</td></tr>
<tr><td>1</td><td></td><td></td><td></td><td></td><td></td><td></td><td></td><td></td></tr>
<tr><td>2</td><td></td><td></td><td></td><td></td><td></td><td></td><td></td><td></td></tr>
<tr><td>3</td><td></td><td></td><td></td><td></td><td></td><td></td><td></td><td></td></tr>
<tr><td>4</td><td></td><td></td><td></td><td></td><td></td><td></td><td></td><td></td></tr>
<tr><td>5</td><td></td><td></td><td></td><td></td><td></td><td></td><td></td><td></td></tr>
<tr><td>6</td><td></td><td></td><td></td><td></td><td></td><td></td><td></td><td></td></tr>
</table>

经理　　　　审核　　　　拟定

图 5-4　新员工培训计划表最终效果

个人简历

<table>
<tr><td>求职意向</td><td colspan="6"></td></tr>
<tr><td>姓　　名</td><td colspan="2"></td><td>性　　别</td><td colspan="2"></td><td rowspan="6">照片</td></tr>
<tr><td>出生年月</td><td colspan="2"></td><td>籍　　贯</td><td colspan="2"></td></tr>
<tr><td>政治面貌</td><td colspan="2"></td><td>民　　族</td><td colspan="2"></td></tr>
<tr><td>身　　高</td><td colspan="2"></td><td>体　　重</td><td colspan="2"></td></tr>
<tr><td>专　　业</td><td colspan="2"></td><td>学　　历</td><td colspan="2"></td></tr>
<tr><td>毕业院校</td><td colspan="6"></td></tr>
<tr><td>主要课程</td><td colspan="6"></td></tr>
<tr><td>个人能力</td><td colspan="6"></td></tr>
<tr><td rowspan="4">教育培训经历</td><td>起止时间</td><td colspan="3">学校或培训机构</td><td colspan="2">专业</td></tr>
<tr><td></td><td colspan="3"></td><td colspan="2"></td></tr>
<tr><td></td><td colspan="3"></td><td colspan="2"></td></tr>
<tr><td></td><td colspan="3"></td><td colspan="2"></td></tr>
<tr><td>英语、
计算机水平</td><td colspan="6"></td></tr>
<tr><td>实习经历</td><td colspan="6"></td></tr>
<tr><td>荣誉奖项</td><td colspan="6"></td></tr>
<tr><td>自我评价</td><td colspan="6"></td></tr>
<tr><td>联系电话</td><td colspan="2"></td><td>e-mail</td><td colspan="3"></td></tr>
</table>

图 5-5　个人简历最终效果

（4）制作一份转账凭证，最终效果如图 5-6 所示。

转账凭证

年　月　日　　　　　字第　号

摘要	总账科目	明细科目	借方金额									贷方金额								
			百	十	万	千	百	十	元	角	分	百	十	万	千	百	十	元	角	分
合计																				
财务主管		记账		出纳		审核		制单												

图 5-6　转账凭证最终效果

实训项目六

制作商品订货单

一、实训项目介绍

某公司销售部员工小李接到一个任务，为公司制作一张商品订货单。他需要利用 Word 2021 办公软件制作一张表格，按照经理提出的要求设计表格的相关内容，并按照商品订货单的体例格式进行设置。商品订货单最终效果如图 6-1 所示。

商品订货单

<table>
<tr><td rowspan="3">购货方</td><td>姓名</td><td colspan="2"></td><td>供货展位名称</td><td></td><td>展位号</td><td></td></tr>
<tr><td>联系电话</td><td colspan="2"></td><td>供货展位电话</td><td colspan="3"></td></tr>
<tr><td>收货地址</td><td colspan="2"></td><td>交货方式</td><td colspan="3">□送货□自提□安装</td></tr>
<tr><td colspan="2">订货日期</td><td colspan="2"></td><td>预约送货日期</td><td colspan="3"></td></tr>
<tr><td>序号</td><td>品名</td><td>型号及规格</td><td>单位</td><td>数量</td><td>单价 / 元</td><td>金额 / 元</td><td>备注</td></tr>
<tr><td>1</td><td>黑色中性笔</td><td>GP1008/0.5 mm</td><td>12 支 / 盒</td><td>10</td><td>25.5</td><td>255</td><td></td></tr>
<tr><td>2</td><td>红色中性笔</td><td>GP1008/0.5 mm</td><td>12 支 / 盒</td><td>8</td><td>25.5</td><td>204</td><td></td></tr>
<tr><td>3</td><td>蓝色中性笔</td><td>GP1008/0.5 mm</td><td>12 支 / 盒</td><td>15</td><td>25.5</td><td>382.5</td><td></td></tr>
<tr><td>4</td><td>80 色马克笔</td><td>圆头 1 mm</td><td>80 支 / 盒</td><td>10</td><td>68</td><td>680</td><td></td></tr>
<tr><td>5</td><td>40 色马克笔</td><td>圆头 1 mm</td><td>40 支 / 盒</td><td>25</td><td>35</td><td>875</td><td></td></tr>
<tr><td colspan="6">商品总金额</td><td colspan="2">2 396.5</td></tr>
<tr><td>支付金额</td><td colspan="3"></td><td>大写</td><td colspan="3">拾 万 仟 佰 拾 元 角 分</td></tr>
<tr><td>付款类别</td><td colspan="7">□定金□余款□全款□其他</td></tr>
<tr><td>备注</td><td colspan="7"></td></tr>
<tr><td colspan="4">供货方签字：
日期：</td><td colspan="4">购货方签字：
日期：</td></tr>
</table>

图 6-1　商品订货单最终效果

二、实训项目分析

要完成本实训项目，应按照图 6–2 所示思维导图复习教材中学到的知识点。

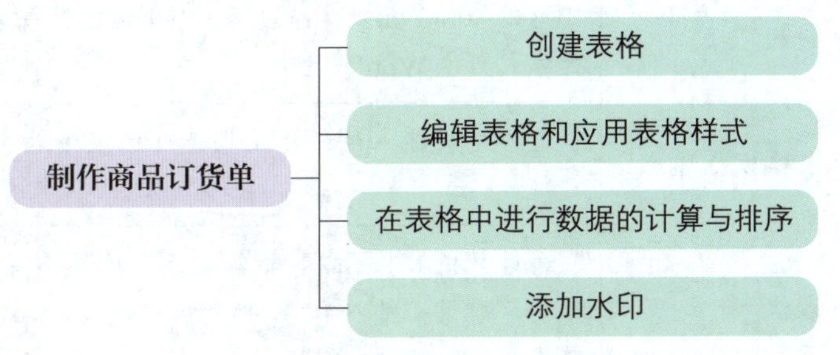

图 6–2　教材内容思维导图

为完成本实训项目，需打开 Word 2021 办公软件，制作商品订货单，利用的知识点是创建表格、编辑表格和应用表格样式以及表格中数据的计算和排序等。

在完成本实训项目的过程中，对表格中数据的计算要注意以下三个方面：一是表格中的某一数据改动后，需要重新计算表格中的生成数据；二是利用公式计算表格中的数据时，“=”不能省略，要使用英文状态下的单元格区域标志；三是合理运用单元格区域标志，可以计算任意范围内的表格数据。

三、实训计划制订

根据实训项目分析，学生自己制订完成本实训项目的实训计划，并填写在表 6–1 中。

表 6–1　实训计划

序号	工作内容	所需时间

四、操作步骤提示

本实训项目的操作步骤提示见表 6–2。

表 6-2　操作步骤提示

序号	操作步骤	内容
1	新建文档	启动 Word 2021，通过“文件 | 新建”命令或“Ctrl+N”快捷方式新建 Word 文档
2	输入表格标题	选择中文输入法，在文档开始位置输入文档标题“商品订货单”
3	插入表格	通过“插入 | 表格”命令打开下拉菜单，选择“插入表格”命令，打开“插入表格”对话框，输入表格的行数为 15、列数为 8
4	编辑表格	根据商品订货单格式输入相关内容，合并单元格并保存文档
5	美化表格	设置表格标题格式，设置表格内文本格式，设置行高和列宽，设置表格边框样式
6	表格中数据的计算	对“商品总金额”进行求和计算，将光标置于“商品总金额”的右侧目标单元格中，单击“布局”选项卡下“数据”组中的“公式”按钮，在弹出的“公式”对话框的“粘贴函数”列表中选择“SUM”进行求和计算
7	保存文档	通过“文件 | 保存”命令或快速访问工具栏中的“保存”按钮或“Ctrl+S”快捷方式保存文档

五、操作要点记录

在表 6-3 中记录本实训项目的操作要点。

表 6-3　操作要点记录

序号	操作要点	备注

六、运行与修改记录

打开商品订货单文档并修改，排除出现的错误，并在表 6-4 中做好记录。

表 6-4　运行与修改记录

序号	出现错误	错误原因	处理方法

七、实训评价

本实训项目完成后，学生展示作品，解说完成项目过程中的心得体会。展示结束后，从软件操作、作品效果、成果展示等方面对该实训项目进行评价，采用自我评价、小组评价、教师评价相结合的多元评价方式，见表 6-5。

表 6-5　实训评价

序号	评价内容	配分 / 分	评价分数		
			自我评价（占比 30%）	小组评价（占比 30%）	教师评价（占比 40%）
1	对实训任务的分析准确到位	20			
2	能熟练插入表格并编辑和美化表格	10			
3	能熟练完成数据的求和	20			
4	在完成任务过程中注意相互配合	10			
5	最终效果符合要求	20			
6	能熟练展示效果及解说作品	20			
学生姓名		综合评分			
指导教师		日期			

八、巩固与练习

1. 选择题

（1）在 Word 2021 文档的表格中求某列数值的平均值，可使用的统计函数是（　　）。

A. SUM　　B. AND　　C. COUNT　　D. AVERAGE

（2）下列有关 Word 2021 中表格功能的说法中正确的是（　　）。

A. 表格一旦建立，不能随意增加及删除行和列

B. 表格中的数据不能运算

C. 在表格单元格中不能插入图片

D. 表格中的单元格可以拆分

（3）在 Word 2021 中，可以通过（　　）选定整个表格。

A.“Alt+Enter”快捷方式

B. 单击“布局”选项卡下“表”组中的“选择”按钮，在下拉菜单中单击“选择表格”

C. 双击表格任意位置

D. 三击表格任意位置

（4）下列关于 Word 2021 中表格的叙述正确的是（　　）。

A. 表格中的数据不能进行公式计算　　B. 表格中的文本只能垂直居中

C. 可以对表格中的数据排序　　D. 只能在表格的外框画粗线

（5）在 Word 2021 中，表格和文本是可以互相转换的，下列有关操作描述中不正确的是（　　）。

A. 文本能转换成表格　　B. 表格能转换成文本

C. 文本与表格可以相互转换　　D. 文本与表格不能相互转换

（6）将文字转换为表格时，输入全部数据后，需首先（　　）。

A. 将插入点置于要插入表格的位置

B. 单击“插入”选项卡下“表格”组中的“插入表格”按钮

C. 单击“插入”选项卡下“表格”组中的“表格”按钮，选择“文本转换成表格”命令

D. 将全部数据作为一个整体选定

（7）在 Word 2021 中，利用公式对表格内的数据进行计算，公式中“B4”代表（　　）。

A. 一个函数的名字

B. 内容为“B4”的单元格

C. 表格中第二行、第四列单元格内的数据

D. 表格中第二列、第四行单元格内的数据

（8）在 Word 2021 中，若某行或某列中含有空单元格，Word 2021 将（　　）对这一整行或整列进行累加。

A. 不　　B. 正常

C. 忽略该空单元格　　D. 以上都不对

（9）在 Word 2021 中，若要对表格数据排序，应将光标置于单元格中，执行（　　）命令操作。

A. “布局 | 数据 | 排序”　　B. “工具 | 排序”

C. “插入 | 公式”　　D. “工具 | 公式”

（10）在 Word 2021 中，若想在表格某行下方快速插入一行，最简便的方法是将鼠标光标置于此行最后一个单元格的右边，然后按（　　）键。

A. Ctrl　　B. Shift　　C. Alt　　D. Enter

2. 操作题

（1）绘制图 6-3 所示公司销售额统计表，利用 Word 2021 中表格有关公式和函数，计算出公司的各季度总销售额和全年销售额。

公司销售额统计表

销售员	一季度销售额/万元	二季度销售额/万元	三季度销售额/万元	四季度销售额/万元	全年销售额/万元
王丽	156	208	242	247	
李明	168	251	264	243	
张霞	153	210	200	140	
肖鸣	147	156	143	139	
于亮	247	320	350	420	
各季度总销售额/万元					

图 6-3　公司销售额统计表

（2）绘制图 6-4 所示球员得分统计表，利用 Word 2021 中表格有关公式和函数计算出各球员的总分及各轮平均分，并将球员按照总分由高到低的顺序排序，根据排序结果填入球员排名。

球员得分统计表

姓名	第一轮得分/分	第二轮得分/分	第三轮得分/分	第四轮得分/分	总分/分	各轮平均分/分	排名
王强	16	19	14	20			
李明	8	15	12	14			
赵可	19	15	15	14			
刘军	21	19	13	15			

图 6-4　球员得分统计表

（3）绘制图 6-5 所示公司员工 7 月份工资表，利用 Word 2021 中表格有关公式和函数，计算出员工应发工资和实发工资。

公司员工7月份工资表

编号	姓名	基本工资/元	职务津贴/元	月考核奖金/元	绩效工资/元	应发工资/元	迟到扣款/元	实发工资/元
1	李支清	4 000	500	2 000	825		66	
2	刘双	4 500	600	3 000	650		86	
3	王大宗	5 000	500	2 000	550		57	
4	史杭瑞	6 500	600	3 000	520		75	
5	罗瑞维	4 000	500	2 000	600		24	
6	秦基业	5 200	600	3 000	620		72	
7	谢天明	5 000	500	2 000	500		90	
8	蒋楠楠	5 200	600	3 000	400		78	
9	王一平	4 600	500	2 000	500		67	

图 6-5 公司员工 7 月份工资表

（4）绘制图 6-6 所示学生期末考试成绩表，利用 Word 2021 中表格有关公式和函数，计算出学生的总分和平均分，并按学生的平均分进行降序排序，根据排序结果填入学生名次。

学生期末考试成绩表

姓名	语文/分	数学/分	英语/分	政治/分	历史/分	物理/分	化学/分	总分/分	平均分/分	名次
闻从	80	90	80	78	85	89	84			
王宏	78	80	72	85	87	79	68			
马晓	80	84	90	86	69	84	67			
黄娟	70	85	78	84	84	76	69			
李亮	85	86	95	89	75	84	85			
肖华	75	84	84	76	86	87	75			
胡新	86	87	78	77	80	86	71			
梁成	88	89	76	79	90	84	70			
张鑫	87	90	79	95	76	96	85			
靳峰	95	92	81	94	94	94	68			
吕斯	90	95	84	90	81	95	89			

图 6-6 学生期末考试成绩表

实训项目七
制作市场部工作手册

一、实训项目介绍

某公司市场部员工小李接到一个任务，为公司制作一份市场部工作手册。他需要利用 Word 2021 自带的设计和制作功能，不仅要完成一般文档的排版，还要制作文档封面和目录、插入图片、设置页眉和页脚等。市场部工作手册最终效果（部分）如图 7–1 所示。

××公司
市场部工作手册

编制：市场部
审核：总经理
存档：行政部

执行：××××年×月×日

目录

第一篇　市场部工作概述……1
一、市场部的工作目标……1
1. 总体目标……1
2. 目标分解……1
二、市场部的职能、权力与职责……1
1. 市场部的职能与权力……1
2. 市场部的职责……2
三、市场部组织管理……2
1. 工作目标……2
2. 工作事项描述……2
第二篇　市场部岗位职责管理……3
一、市场部岗位职责分类及职责确定……3
1. 市场部经理工作职责……3
2. 市场策划专员工作职责……3
3. 渠道拓展维护专员工作职责……4
4. 会务专员工作职责……4
5. 新闻网络部工作职责……4
6. 设计部工作职责……5
二、市场部各岗位工作流程……5
1. 市场部工作流程……5
2. 市场策划流程……5
3. 渠道拓展维护流程……6
4. 会务流程……6
5. 新闻网络工作流程……7
6. 设计工作流程……7
第三篇　市场活动管理……7
一、市场调研管理……7
二、营销策划管理……8
1. 目的与主管人员……8
2. 工作内容……8
3. 收集创意与实践……8

4. 预算与媒体……8
5. 市场调查与效果评定……9
三、公关活动管理办法……9
1. 公关策划实施的管理……9
2. 公关合作实施的管理……9
3. 公关策划实施过程管理……9
4. 媒介传播管理……10
5. 不同类型的公关活动特点……10
四、渠道开发及维护管理……10
1. 销售区域的划分……10
3. 渠道类型……11
4. 经销商、分销商的选择……11
5. 经销商管理……12
五、会议活动管理……12
1. 确定活动的主题和目的……12
2. 活动策划……12
3. 活动实施……12
4. 活动总结……13
六、售后服务管理……13
1. 日常售后工作管理……13
2. 售后工作建议……14

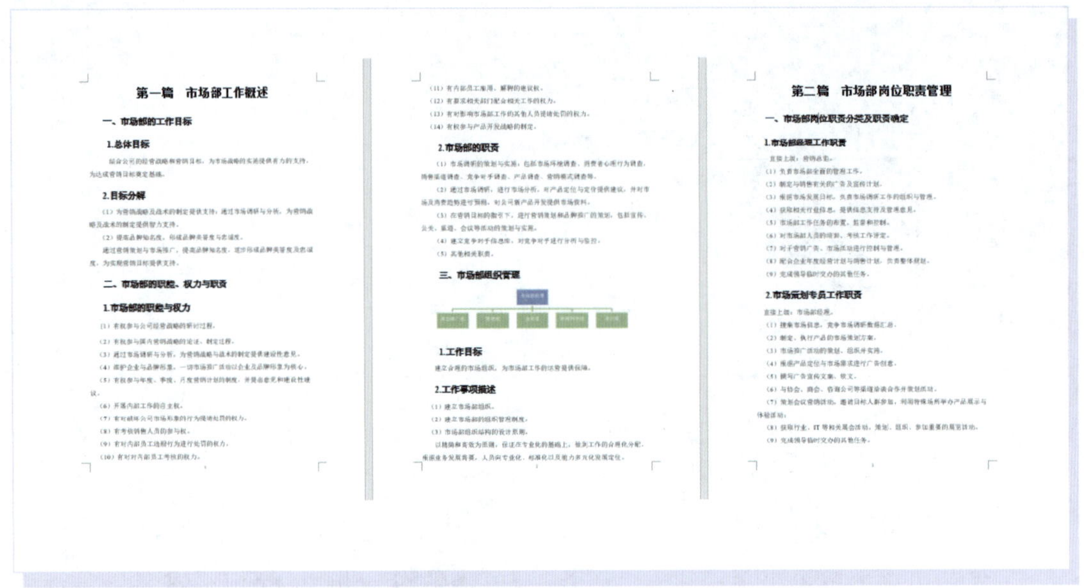

第一篇　市场部工作概述

一、市场部的工作目标

1.总体目标

综合公司的经营战略和营销目标，为市场战略的实施提供有力的支持，为达成营销目标奠定基础。

2.目标分解

（1）为营销战略及战术的制定提供支持：通过市场调研与分析，为营销战略及战术的制定提供智力支持。

（2）提高品牌知名度，形成品牌美誉度与忠诚度。

通过营销策划与市场推广，提高品牌知名度，逐步形成品牌美誉度及忠诚度，为实现营销目标提供支持。

二、市场部的职能、权力与职责

1.市场部的职能与权力

（1）有权参与公司经营战略的研讨过程。

（2）有权参与国内营销战略的论证、制定过程。

（3）通过市场调研与分析，为营销战略与战术的制定提供建设性意见。

（4）维护企业与品牌形象，一切市场推广活动以企业及品牌形象为核心。

（5）有权参与年度、季度、月度营销计划的制度，并提出意见和建设性建议。

（6）开展内部工作的自主权。

（7）有对破坏公司市场形象的行为提请处罚的权力。

（8）有考核销售人员的参与权。

（9）有对内部员工违规行为进行处罚的权力。

（10）有对对内部员工考核的权力。

（11）有内部员工雇用、解聘的建议权。

（12）有要求相关部门配合相关工作的权力。

（13）有对影响市场部工作的其他人员提请处罚的权力。

（14）有权参与产品开发战略的制定。

2.市场部的职责

（1）市场调研的策划与实施，包括市场环境调查、消费者心理行为调查、销售渠道调查、竞争对手调查、产品调查、营销模式调查等。

（2）通过市场调研，进行市场分析，对产品定位与定价提供建议，并对市场及消费趋势进行预测，对公司新产品开发提供市场资料。

（3）在营销目标的指引下，进行营销策划和品牌推广的策划，包括宣传、公关、渠道、会议等活动的策划与实施。

（4）建立竞争对手信息库，对竞争对手进行分析与监控。

（5）其他相关职责。

三、市场部组织管理

1.工作目标

建立合理的市场组织，为市场部工作的运营提供保障。

2.工作事项描述

（1）建立市场部组织。

（2）建立市场部的组织管理制度。

（3）市场部组织结构的设计思路。

以精简和高效为原则，保证在专业化的基础上，做到工作的合理化分配，根据业务发展需要，人员向专业化、标准化以及能力多元化发展定位。

第二篇　市场部岗位职责管理

一、市场部岗位职责分类及职责确定

1.市场部经理工作职责

直接上级：营销总监。

（1）负责市场部全面的管理工作。

（2）制定与销售有关的广告及宣传计划。

（3）根据市场发展目标，负责市场调研工作的组织与管理。

（4）获取相关行业信息，提供信息支持及管理意见。

（5）市场部工作任务的布置、监督和控制。

（6）对市场部人员的培训、考核工作评定。

（7）对于营销广告、市场活动进行控制与管理。

（8）配合企业年度经营计划与销售计划，负责整体规划。

（9）完成领导临时交办的其他任务。

2.市场策划专员工作职责

直接上级：市场部经理。

（1）搜集市场信息，竞争市场调研数据汇总。

（2）制定、执行产品的市场策划方案。

（3）市场推广活动的策划、组织并实施。

（4）根据产品定位与市场需求进行广告创意。

（5）撰写广告宣传文案、软文。

（6）与协会、商会、咨询公司等渠道洽谈合作并策划活动。

（7）策划会议营销活动，邀请目标人群参加，利用特殊场所举办产品展示与体验活动。

（8）获取行业、IT 等相关展会活动，策划、组织、参加重要的展览活动。

（9）完成领导临时交办的其他任务。

图 7-1　市场部工作手册最终效果（部分）

二、实训项目分析

要完成本实训项目，应按照图 7-2 所示思维导图复习教材中学到的知识点。

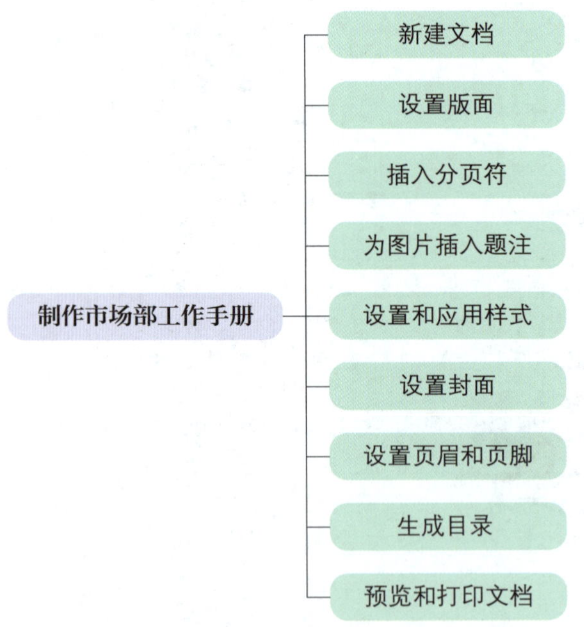

图 7-2　教材内容思维导图

为完成本实训项目，需打开 Word 2021 办公软件，按照要求输入市场部工作手册相关内容，然后进行版面设置、插入分页符、制作封面、插入图片题注、自动生成目录、插入奇偶页不同的页眉和页脚、制作插图、创建和使用模板等工作。

在完成本实训项目的过程中，应注意生成目录时一定要先设置章节样式，因不同级别的标题需要采用不同的样式，也可以使用样式模板来实现。

三、实训计划制订

根据实训项目分析，学生自己制订完成本实训项目的实训计划，并填写在表 7–1 中。

表 7–1　实训计划

序号	工作内容	所需时间

四、操作步骤提示

本实训项目的操作步骤提示见表 7–2。

表 7–2　操作步骤提示

序号	操作步骤	内容
1	准备素材	打开“市场部工作手册（原文）”，将其另存为“市场部工作手册”，放在同一个文件夹中
2	设置版面	单击“布局 | 页面设置”命令，设置纸张大小、页边距、纸张方向、布局中页眉和页脚奇偶页不同
3	插入分页符	单击“布局 | 页面设置 | 分隔符”命令插入分页符
4	为图片插入题注	选中第一张图片，单击“引用 | 题注 | 插入题注”命令，弹出“题注”对话框，在“题注”对话框中单击“新建标签”命令弹出“新建标签”对话框，在“新建标签”对话框中输入标签
5	修改样式	修改标题 1、标题 2、标题 3、正文样式，创建样式

续表

序号	操作步骤	内容
6	应用样式	对文档中第一篇、第二篇、第三篇……应用标题 1 样式，对编号为一、二、三……应用标题 2 样式，对编号 1、2、3…应用标题 3 样式等
7	设置封面	将光标定位在文档的第一页，输入相应内容并设置格式，插入图片
8	设置页眉和页脚	设置正文的页眉和页脚，为奇偶页设置不同的页眉和页脚
9	自动生成目录	将光标定位在要插入目录的位置，单击“引用 | 目录”命令打开“目录”菜单，选择“自定义目录”并设置目录格式
10	预览和打印文档并保存	缩小文档显示比例，预览整个文档，若发现文档某处不合适则进行修改；单击“文件 | 打印”命令，在“打印”界面中进行相关设置并打印文档，最后保存文档

五、操作要点记录

在表 7–3 中记录本实训项目的操作要点。

表 7–3　操作要点记录

序号	操作要点	备注

六、运行与修改记录

打开市场部工作手册文档并修改，排除出现的错误，并在表 7–4 中做好记录。

表 7–4　运行与修改记录

序号	出现错误	错误原因	处理方法

七、实训评价

本实训项目完成后，学生展示作品，解说完成项目过程中的心得体会。展示结束后，从软件操作、作品效果、成果展示等方面对该实训项目进行评价，采用自我评价、小组评价、教师评价相结合的多元评价方式，见表 7–5。

表 7–5　实训评价

<table>
<tr><th rowspan="2">序号</th><th rowspan="2">评价内容</th><th rowspan="2">配分 / 分</th><th colspan="3">评价分数</th></tr>
<tr><th>自我评价（占比 30%）</th><th>小组评价（占比 30%）</th><th>教师评价（占比 40%）</th></tr>
<tr><td>1</td><td>对实训任务的分析准确到位</td><td>20</td><td></td><td></td><td></td></tr>
<tr><td>2</td><td>能进行版面设置、插入分页符等</td><td>10</td><td></td><td></td><td></td></tr>
<tr><td>3</td><td>能修改并应用样式，生成目录</td><td>20</td><td></td><td></td><td></td></tr>
<tr><td>4</td><td>能设置页眉和页脚，保存并打印文档</td><td>10</td><td></td><td></td><td></td></tr>
<tr><td>5</td><td>最终效果符合要求</td><td>20</td><td></td><td></td><td></td></tr>
<tr><td>6</td><td>能熟练展示效果及解说作品</td><td>20</td><td></td><td></td><td></td></tr>
<tr><td colspan="2">学生姓名</td><td colspan="2">综合评分</td><td colspan="2"></td></tr>
<tr><td colspan="2">指导教师</td><td colspan="2">日期</td><td colspan="2"></td></tr>
</table>

八、巩固与练习

1. 选择题

（1）若一篇文档中需要插入分节符，可单击（　　）选项卡下“页面设置”组中的“分隔符”按钮。

A.“插入”　　B.“引用”　　C.“布局”　　D.“开始”

（2）对文档排版之前，需要查看段落标记和其他隐藏的格式符号，可以单击（　　）选项卡下“段落”组中的“显示 / 隐藏编辑标记”按钮。

A.“开始”　　B.“文件”　　C.“引用”　　D.“布局”

（3）要为文档插入页码，可以单击“插入”选项卡下（　　）组中的“页码”按钮，然后再选择页码要放置的位置。

A.“页面”　　B.“页眉和页脚”

C.“符号”　　D.“文本”

（4）对当前文档的页眉和页脚进行格式设置时，若要求奇偶页格式不同，则必须勾选“页眉和页脚”选项卡下“选项”组中的（　　）。

A. “首页不同”　　B. “显示文档文字”

C. “转到页眉”　　D. “奇偶页不同”

（5）在 Word 2021 中，格式化文档时使用预先定义好的多种格式的集合，称为（　　）。

A. 样式　　B. 格式　　C. 项目符号　　D. 母版

（6）对已经使用内置样式的文档还可以使用样式集，具体操作是：选择（　　）选项卡，单击“样式”组中的不同样式按钮，再选择所需的样式集。

A. “编辑”　　B. “开始”　　C. “引用”　　D. “插入”

（7）如果要在 Word 2021 的指定文档中插入脚注，需选择（　　）选项卡下“脚注”组中的“插入脚注”按钮。

A. “引用”　　B. “目录”　　C. “插入”　　D. “开始”

（8）下列有关创建文档目录的描述中正确的是（　　）。

A. 选用自动目录时，对文档中的格式设置无要求

B. Word 2021 不能自定义目录

C. 一般情况下插入目录后会自动分节

D. 选用自动目录时要求文档应用了内置标题样式

（9）Word 2021 的页边距可以通过（　　）设置。

A. 页面视图下的标尺　　B. “开始”选项卡下“段落”组

C. “文件 | 打印 | 页面设置”命令　　D. “工具 | 选项”命令

（10）在 Word 2021 中编辑完一个文档后，要想查看其打印出来的结果，可使用（　　）功能。

A. 打印预览　　B. 模拟打印　　C. 提前打印　　D. 屏幕打印

2. 操作题

（1）打开实训项目七操作题素材中的“市场调查报告”，按照市场调查报告格式要求进行排版，并制作文档封面和目录，插入图片、设置页眉和页脚等，最终效果如图 7–3 所示。

（2）打开实训项目七操作题素材中的“毕业论文（素材文档）”，按照毕业论文格式要求进行编辑与排版，最终效果如图 7–4 所示。

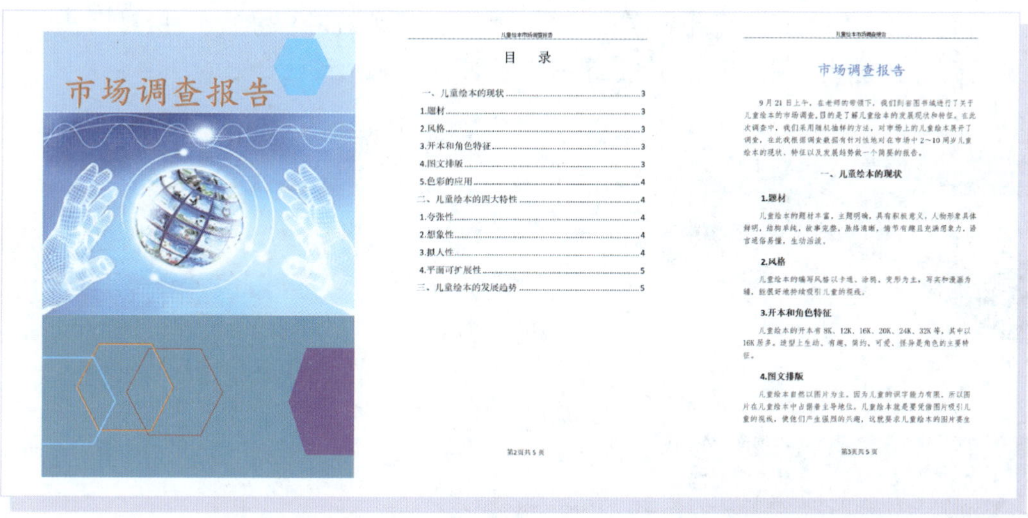

市场调查报告

儿童绘本市场调查报告

目　录

第2页共5页

儿童绘本市场调查报告

市场调查报告

9月21日上午，在老师的带领下，我们到省图书城进行了关于儿童绘本的市场调查，目的是了解儿童绘本的发展现状和特征。在此次调查中，我们采用随机抽样的方法，对市场上的儿童绘本展开了调查，在此我根据调查数据有针对性地对在市场中2～10周岁儿童绘本的现状、特征以及发展趋势做一个简要的报告。

一、儿童绘本的现状

1.题材

儿童绘本的题材丰富，主题明确，具有积极意义，人物形象具体鲜明，结构单纯，故事完整，脉络清晰，情节有趣且充满想象力，语言通俗易懂，生动活泼。

2.风格

儿童绘本的编写风格以卡通、涂鸦、变形为主，写实和漫画为辅，能很好地持续吸引儿童的视线。

3.开本和角色特征

儿童绘本的开本有8K、12K、16K、20K、24K、32K等，其中以16K居多。造型上生动、有趣、简约、可爱、怪异是角色的主要特征。

4.图文排版

儿童绘本自然以图片为主，因为儿童的识字能力有限，所以图片在儿童绘本中占据着主导地位。儿童绘本就是要凭借图片吸引儿童的视线，使他们产生强烈的兴趣，这就要求儿童绘本的图片要生

第3页共5页

图 7-3　市场调查报告最终效果

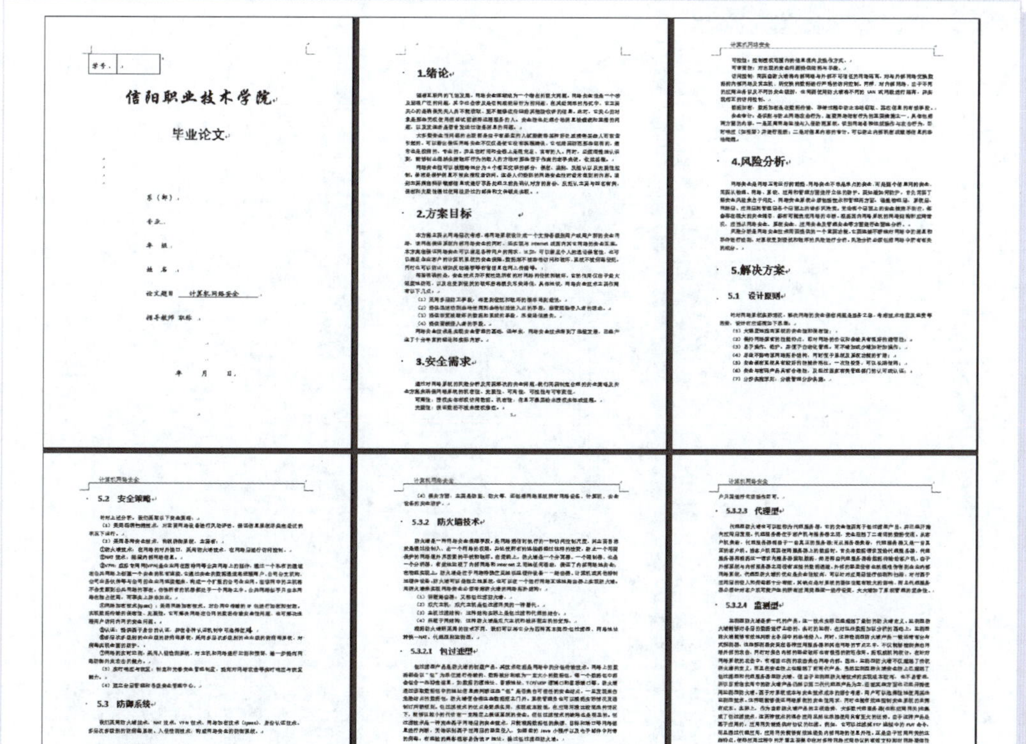

学号：

信阳职业技术学院

毕业论文

系（部）：
专业：
年级：
姓名：
论文题目：计算机网络安全
指导教师　职称：
年　月　日

1.绪论

2.方案目标

3.安全需求

计算机网络安全

4.风险分析

5.解决方案

5.1 设计原则

计算机网络安全

5.2 安全策略

5.3 防御系统

5.3.1 物理安全

计算机网络安全

5.3.2 防火墙技术

5.3.2.1 包过滤型

5.3.2.2 网络地址转化—NAT

计算机网络安全

5.3.2.3 代理型

5.3.2.4 监测型

5.3.3 VPN技术

图 7-4　毕业论文最终效果

（3）打开实训项目七操作题素材下的“销售人员绩效考核办法”进行排版，制作文档封面、插入图片、设置页码等，最终效果如图 7-5 所示。

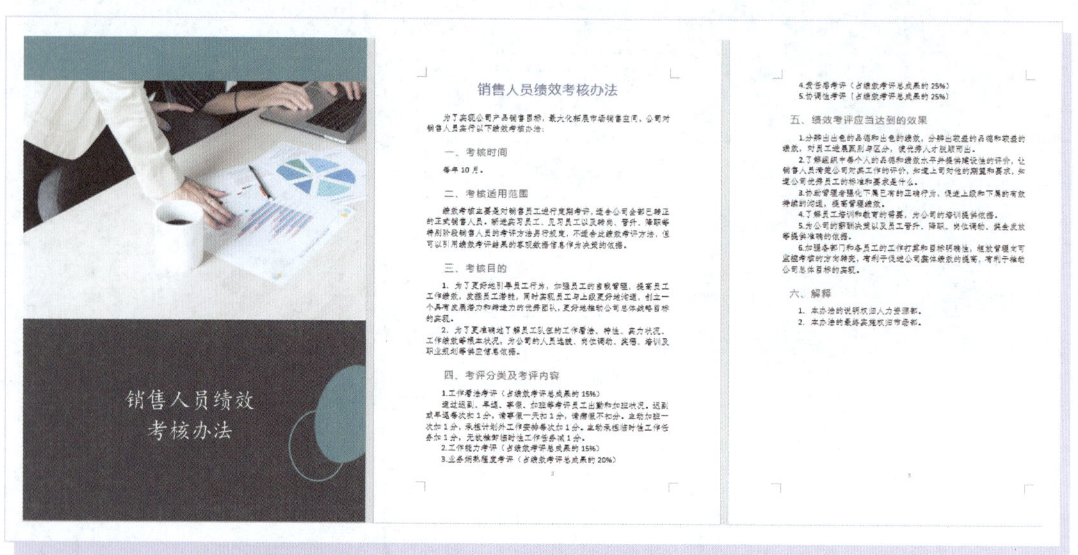

销售人员绩效
考核办法

销售人员绩效考核办法

为了实现公司产品销售目标，最大化拓展市场销售空间，公司对销售人员实行以下绩效考核办法：

一、考核时间

每年 10 月。

二、考核适用范围

绩效考核主要是对销售员工进行定期考评，适合公司全部已转正的正式销售人员。新进实习员工、见习员工以及转岗、晋升、降职等特别阶段销售人员的考评方法另行规定，不适合此绩效考评方法，但可以引用绩效考评结果的客观数据信息作为决策的依据。

三、考核目的

1. 为了更好地引导员工行为，加强员工的自我管理，提高员工工作绩效，发掘员工潜能，同时实现员工与上级更好地沟通，创立一个具有发展潜力和创造力的优秀团队，更好地推动公司总体战略目标的实现。

2. 为了更准确地了解员工队伍的工作看法、特性、实力状况、工作绩效等基本状况，为公司的人员选拔、岗位调动、奖惩、培训及职业规划等供应信息依据。

四、考评分类及考评内容

1.工作看法考评（占绩效考评总成果的 15%）

通过迟到、早退、事假、加班等考评员工出勤和加班状况。迟到或早退每次扣 1 分，请事假一天扣 1 分，请病假不扣分。主动加班一次加 1 分，承担计划外工作安排每次加 1 分。主动承担临时性工作任务加 1 分，无故推卸临时性工作任务减 1 分。

2.工作能力考评（占绩效考评总成果的 15%）

3.业务娴熟程度考评（占绩效考评总成果的 20%）

2

4.责任感考评（占绩效考评总成果的 25%）

5.协调性考评（占绩效考评总成果的 25%）

五、绩效考评应当达到的效果

1.分辨出出色的品德和出色的绩效，分辨出较差的品德和较差的绩效，对员工进展鉴别与区分，使优秀人才脱颖而出。

2.了解组织中每个人的品德和绩效水平并提供建设性的评价，让销售人员清楚公司对其工作的评价，知道上司对他的期望和要求，知道公司优秀员工的标准和要求是什么。

3.协助管理者强化下属已有的正确行为，促进上级和下属的有效持续的沟通，提高管理绩效。

4.了解员工培训和教育的需要，为公司的培训提供依据。

5.为公司的薪酬决策以及员工晋升、降职、岗位调动、奖金发放等提供准确的依据。

6.加强各部门和各员工的工作打算和目标明确性，组织管理者可监控考核的方向转变，有利于促进公司整体绩效的提高，有利于推动公司总体目标的实现。

六、解释

1. 本办法的说明权归人力资源部。
2. 本办法的最终实施权归市场部。

图 7-5　销售人员绩效考核办法最终效果

实训项目八
制作邀请函

一、实训项目介绍

某网络科技公司人力资源部员工小李接到一个任务，制作公司周年庆晚会邀请函。他需要利用 Word 2021 办公软件的邮件合并功能，以方便、快捷地批量制作邀请函的内容并进行邀请函的批量打印等。邀请函最终效果（部分）如图 8-1 所示。

邀请函

为感谢广大客户一直以来对四方公司的大力支持，兹定于2019年1月1日18：00在万全大酒店三楼举办2019年四方公司成立十周年答谢会，诚挚邀请晨华实业公司王燕女士参会。期待您的光临!

四方网络科技有限公司
2018年12月25日

邀请函

为感谢广大客户一直以来对四方公司的大力支持，兹定于2019年1月1日18：00在万全大酒店三楼举办2019年四方公司成立十周年答谢会，诚挚邀请华茂公司李刚先生参会。期待您的光临!

四方网络科技有限公司
2018年12月25日

邀请函

为感谢广大客户一直以来对四方公司的大力支持，兹定于2019年1月1日18：00在万全大酒店三楼举办2019年四方公司成立十周年答谢会，诚挚邀请精诚科技公司李阳先生参会。期待您的光临!

四方网络科技有限公司
2018年12月25日

邀请函

为感谢广大客户一直以来对四方公司的大力支持，兹定于2019年1月1日18：00在万全大酒店三楼举办2019年四方公司成立十周年答谢会，诚挚邀请国新医药科技公司温敏先生参会。期待您的光临!

四方网络科技有限公司
2018年12月25日

图 8-1　邀请函最终效果（部分）

二、实训项目分析

要完成本实训项目，应按照图 8-2 所示思维导图复习教材中学到的知识点。

为完成本实训项目，需打开 Word 2021 办公软件制作邀请函。在现代商务活动中，邀请函、录取通知书、荣誉证书、客户回访函等文档的共同特点是形式和主要内容相同，但姓名等个别地方不同，此类文档经常需要批量打印或发送。使用 Word 2021 的邮件合并功能可以轻松地完成此类工作。邮件合并是将发送的文档中相同的部分保存为一个文档，称为主文档；将不同的部分，如姓名、电话号码等保存为另一个文档，称为数据源，然后将主文档与数据源合并起来，形成用户需要的文档。本实训项目通过邮件合并分步向导完成邀请函的制作。

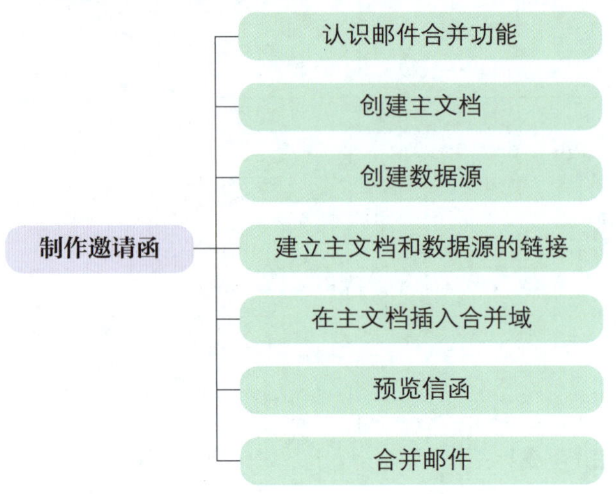

图 8-2　教材内容思维导图

在完成实训项目的过程中，应注意邮件合并的含义及主文档、数据源、合并文档三者之间的关系，理解合并域的含义。

三、实训计划制订

根据实训项目分析，学生自己制订完成本实训项目的实训计划，并填写在表 8-1 中。

表 8-1　实训计划

序号	工作内容	所需时间

四、操作步骤提示

本实训项目的操作步骤提示见表 8-2。

表 8-2　操作步骤提示

序号	操作步骤	内容
1	创建主文档	启动 Word 2021，新建一个文档，录入邀请函内容，将邀请函作为邮件的主文档保存
2	创建数据源	启动 Excel 2021，新建一个文档，创建表格并录入邀请客户相关信息，将该文档作为邮件的数据源保存

续表

序号	操作步骤	内容
3	建立主文档与数据源的链接	首先打开制作好的主文档（不变的部分），然后单击“邮件|开始邮件合并|邮件合并分步向导”命令，按照提示进行操作，在“选择收件人”时选择“使用现有列表”，通过单击“浏览”按钮打开数据源（变化的部分）并选中数据源
4	在主文档插入合并域	单击“邮件|编写和插入域|插入合并域”命令插入合并域，将作为数据源的相应内容以域的方式插入主文档中
5	预览信函	单击“邮件|预览结果”命令预览邀请函，单击“上一记录”或“下一记录”预览其他邀请函
6	合并邮件	单击“邮件|完成并合并|合并到新文档”命令，弹出“合并到新文档”对话框，在对话框中选中“全部”按钮，以文件名“客户邀请函”将合并后生成的文档保存下来
7	批量打印	单击“文件|打印”命令，在“打印”界面中进行相关设置并打印文档

五、操作要点记录

在表 8–3 中记录本实训项目的操作要点。

表 8–3　操作要点记录

序号	操作要点	备注

六、运行与修改记录

打开邀请函文档并修改，排除出现的错误，并在表 8–4 中做好记录。

表 8–4　运行与修改记录

序号	出现错误	错误原因	处理方法

七、实训评价

本实训项目完成后，学生展示作品，解说完成项目过程中的心得体会。展示结束后，从软件操作、作品效果、成果展示等方面对该实训项目进行评价，采用自我评价、小组评价、教师评价相结合的多元评价方式，见表 8–5。

表 8–5　实训评价

<table>
<tr><th rowspan="2">序号</th><th rowspan="2">评价内容</th><th rowspan="2">配分 / 分</th><th colspan="3">评价分数</th></tr>
<tr><th>自我评价（占比 30%）</th><th>小组评价（占比 30%）</th><th>教师评价（占比 40%）</th></tr>
<tr><td>1</td><td>对实训任务的分析准确到位</td><td>20</td><td></td><td></td><td></td></tr>
<tr><td>2</td><td>能按要求制作主文档并保存</td><td>10</td><td></td><td></td><td></td></tr>
<tr><td>3</td><td>能建立数据源并将数据源插入合并域</td><td>20</td><td></td><td></td><td></td></tr>
<tr><td>4</td><td>能熟练利用邮件合并分步向导完成主文档和数据源的合并</td><td>10</td><td></td><td></td><td></td></tr>
<tr><td>5</td><td>最终效果符合要求</td><td>20</td><td></td><td></td><td></td></tr>
<tr><td>6</td><td>能熟练展示效果及解说作品</td><td>20</td><td></td><td></td><td></td></tr>
<tr><td colspan="2">学生姓名</td><td>综合评分</td><td colspan="3"></td></tr>
<tr><td colspan="2">指导教师</td><td>日期</td><td colspan="3"></td></tr>
</table>

八、巩固与练习

1. 选择题

（1）在 Word 2021 中，在使用邮件合并之前需要准备（　　）。

A. 主文档和数据源　　B. 邮件地址

C. 合并域　　D. 电子邮件

（2）在 Word 2021 中进行邮件合并，若想把数据源文件中的数据合并到主文档中，可通过（　　）来引用数据源。

A. 插入字段名　　B. 插入合并域

C. 输入正文文字　　D. 插入数据源文件

（3）邮件合并的数据源经常使用的文档类型是（　　）。

A. PPT 文件和 Excel 工作表　　B. Word 表格和文本文档

C. Word 表格和 Excel 工作表　　D. 文本文档和 Excel 工作表

（4）使用 Word 2021 快速制作邀请函、信函、通知单等使用的是（　　）功能。

A. 页眉和页脚　　B. 邮件合并

C. 表格　　D. SmartArt

（5）Word 2021 邮件合并是指（　　）。

A. 将多个文档合并成一个文档后输出　　B. 将多个文档依次连接在一起后输出

C. 将两个邮件标签合并输出　　D. 将主文档和数据源合并输出

（6）Word 2021 中的邮件合并操作可以在（　　）选项卡中完成。

A. “审阅”　　B. “邮件”　　C. “查看”　　D. “引用”

（7）进行 Word 邮件合并操作时，下列说法中正确的是（　　）。

A. 必须有主文档和数据源　　B. 所用的数据源必须是 Excel 文件

C. 所用的数据源不能是 Word 文档　　D. 所用的数据源必须是纯文本

（8）进行邮件操作时，应把变化的信息作为（　　）。

A. 主文档　　B. 数据源　　C. 表格　　D. 域名

（9）邮件合并的主文档类型不可能是（　　）。

A. 信函　　B. 信封　　C. 标签　　D. 分类

（10）在 Word 2021 中，邮件合并的两个基本元素是（　　）。

A. 标签和信函　　B. 信函和信封

C. 主文档和数据源　　D. 邮件地址和收件人姓名

2. 操作题

（1）批量制作录取通知书，最终效果如图 8-3 所示。

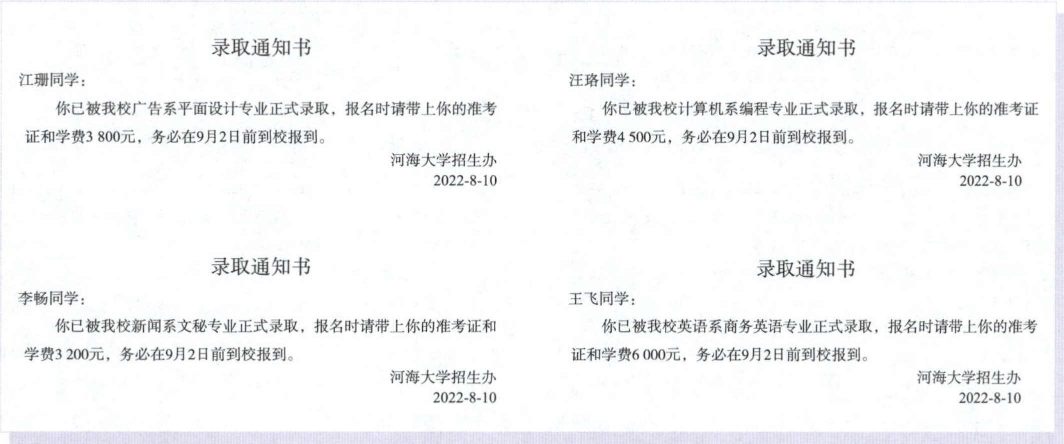

录取通知书

江珊同学：

你已被我校广告系平面设计专业正式录取，报名时请带上你的准考证和学费3 800元，务必在9月2日前到校报到。

河海大学招生办
2022-8-10

录取通知书

汪珞同学：

你已被我校计算机系编程专业正式录取，报名时请带上你的准考证和学费4 500元，务必在9月2日前到校报到。

河海大学招生办
2022-8-10

录取通知书

李畅同学：

你已被我校新闻系文秘专业正式录取，报名时请带上你的准考证和学费3 200元，务必在9月2日前到校报到。

河海大学招生办
2022-8-10

录取通知书

王飞同学：

你已被我校英语系商务英语专业正式录取，报名时请带上你的准考证和学费6 000元，务必在9月2日前到校报到。

河海大学招生办
2022-8-10

图 8-3　录取通知书最终效果

（2）批量制作考试成绩单，最终效果如图 8-4 所示。

尊敬的学生家长：

2022 学年春季学期已结束，现将李红在我院管理系专业学习的期末考试成绩单通知如下。

2022 年春季学期期末考试成绩单

序号	课程名称	分数/分
1	网页设计	84
2	市场信息学	79
3	人力资源管理	98
4	商务英语	82
5	综合管理	88
6	计算机网络	84
7	经济法	82
8	关系管理	85
总分		682

若学生有不及格科目，请家长督促学生在假期中认真复习，以备开学时补考。同时教育其遵纪守法，安排适量时间结合所学专业进行社会调查及其他有意义的社会活动，并按时返校报到注册。

2022 学年秋季报到和注册时间：2022 年 8 月 30—31 日，正式上课时间：2022 年 9 月 2 日。

河海大学管理系
2022 年 7 月 20 日

尊敬的学生家长：

2022 学年春季学期已结束，现将徐凯在我院管理系专业学习的期末考试成绩单通知如下。

2022 年春季学期期末考试成绩单

序号	课程名称	分数/分
1	网页设计	75
2	市场信息学	72
3	人力资源管理	54
4	商务英语	92
5	综合管理	71
6	计算机网络	83
7	经济法	64
8	关系管理	85
总分		596

若学生有不及格科目，请家长督促学生在假期中认真复习，以备开学时补考。同时教育其遵纪守法，安排适量时间结合所学专业进行社会调查及其他有意义的社会活动，并按时返校报到注册。

2022 学年秋季报到和注册时间：2022 年 8 月 30—31 日，正式上课时间：2022 年 9 月 2 日。

河海大学管理系
2022 年 7 月 20 日

尊敬的学生家长：

2022 学年春季学期已结束，现将杨富程在我院管理系专业学习的期末考试成绩单通知如下。

2022 年春季学期期末考试成绩单

序号	课程名称	分数/分
1	网页设计	73
2	市场信息学	75
3	人力资源管理	86
4	商务英语	88
5	综合管理	80
6	计算机网络	84
7	经济法	73
8	关系管理	84
总分		643

若学生有不及格科目，请家长督促学生在假期中认真复习，以备开学时补考。同时教育其遵纪守法，安排适量时间结合所学专业进行社会调查及其他有意义的社会活动，并按时返校报到注册。

2022 学年秋季报到和注册时间：2022 年 8 月 30—31 日，正式上课时间：2022 年 9 月 2 日。

河海大学管理系
2022 年 7 月 20 日

尊敬的学生家长：

2022 学年春季学期已结束，现将邹家发在我院管理系专业学习的期末考试成绩单通知如下。

2022 年春季学期期末考试成绩单

序号	课程名称	分数/分
1	网页设计	78
2	市场信息学	77
3	人力资源管理	76
4	商务英语	95
5	综合管理	88
6	计算机网络	82
7	经济法	84
8	关系管理	80
总分		660

若学生有不及格科目，请家长督促学生在假期中认真复习，以备开学时补考。同时教育其遵纪守法，安排适量时间结合所学专业进行社会调查及其他有意义的社会活动，并按时返校报到注册。

2022 学年秋季报到和注册时间：2022 年 8 月 30—31 日，正式上课时间：2022 年 9 月 2 日。

河海大学管理系
2022 年 7 月 20 日

图 8-4　考试成绩单最终效果

（3）批量制作缴费通知，最终效果如图 8–5 所示。

新鑫小区居民 7 月缴费通知

1 号楼：

室号：105，水费：30 元，电费：60 元，卫生费：80 元，煤气费：90 元，共计 260 元，请务必在 7 月 31 日前到物业管理办公室缴清上述费用，逾期将收取滞纳金。

特此通知。

新鑫小区物业管理办公室
2022 年 8 月 11 日

新鑫小区居民 7 月缴费通知

3 号楼：

室号：354，水费：60 元，电费：80 元，卫生费：70 元，煤气费：100 元，共计 310 元，请务必在 7 月 31 日前到物业管理办公室缴清上述费用，逾期将收取滞纳金。

特此通知。

新鑫小区物业管理办公室
2022 年 8 月 11 日

新鑫小区居民 7 月缴费通知

8 号楼：

室号：106，水费：200 元，电费：180 元，卫生费：160 元，煤气费：130 元，共计 670 元，请务必在 7 月 31 日前到物业管理办公室缴清上述费用，逾期将收取滞纳金。

特此通知。

新鑫小区物业管理办公室
2022 年 8 月 11 日

新鑫小区居民 7 月缴费通知

6 号楼：

室号：323，水费：400 元，电费：140 元，卫生费：100 元，煤气费：130 元，共计 770 元，请务必在 7 月 31 日前到物业管理办公室缴清上述费用，逾期将收取滞纳金。

特此通知。

新鑫小区物业管理办公室
2022 年 8 月 11 日

图 8–5　缴费通知最终效果